<<<<<<<< 国家林业和草原局发展研究中心 ▣ 主编

气候变化、生物多样性和荒漠化问题
动态参考 年度辑要
2021

中国林业出版社
China Forestry Publishing House

图书在版编目(CIP)数据

气候变化、生物多样性和荒漠化问题动态参考年度辑要.2021年／国家林业和草原局发展研究中心主编.—北京：中国林业出版社，2022.6
　　ISBN 978-7-5219-1669-0

Ⅰ.①气… Ⅱ.①国… Ⅲ.①气候变化-对策-研究-世界②生物多样性-生物资源保护-对策-研究-世界③沙漠化-对策-研究-世界　Ⅳ.①P467②X176③P941.73

中国版本图书馆CIP数据核字(2022)第076539号

出版　中国林业出版社(100009　北京西城区刘海胡同7号)
发行　中国林业出版社　(电话：010-83223120)
印刷　北京中科印刷有限公司
版次　2022年6月第1版
印次　2022年6月第1次
开本　787mm×1092mm　1/16
印张　6.5
字数　150千字
定价　68.00元

气候变化、生物多样性和荒漠化问题动态参考

编委会

主　　　任：李　冰

副 主 任：周　戡　石　敏

执 行 主 编：王芊樾　赵金成

编委会成员：（按姓名拼音排序）

曹露聪　陈雅如　韩　枫
侯一蕾　李秋娟　李　想
刘佳欢　刘思敏　毛炎新
任海燕　唐肖彬　王国胜
武立磊　王佳男　王芊樾
王伊煊　温亚利　谢　屹
夏郁芳　杨振姣　衣旭彤
张　多　张灵曼　张　鑫
张英豪　赵金成

前　言

党的十九届六中全会通过的《中共中央关于党的百年奋斗重大成就和历史经验的决议》(以下简称《决议》)强调，必须实现创新成为第一动力、协调成为内生特点、绿色成为普遍形态、开放成为必由之路、共享成为根本目的的高质量发展。绿色是高质量发展的底色，习近平总书记强调，只有把绿色发展的底色铺好，才会有今后发展的高歌猛进。林草资源是自然生态系统的绿色本底，林草高质量发展是经济社会高质量发展的重要组成，对于维系生态系统质量和稳定性、保护生物多样性和保障经济社会高质量发展具有不可替代的作用。

推进林草事业高质量发展，要求林草系统必须以习近平新时代中国特色社会主义思想为指导，牢固树立绿水青山就是金山银山的理念，立足新发展阶段，贯彻新发展理念，构建新发展格局，不断完善林草治理体系，不断提升优质生态产品供给能力，满足人民群众对优美生态环境、优良生态产品、优质生态服务的需求，走好走实人与自然和谐共生之路，为生态文明和美丽中国建设实现新进步奠定坚实基础。

当前，我国生态文明建设进入了以降碳为重点战略方向、推动减污降碳协同增效、促进经济社会发展全面绿色转型、实现生态环境质量改善由量变到质变的关键时期。林草高质量发展也应充分借鉴国外林草发展经验，汲取教训，为推动我国林草建设提供借鉴。

按照局党组的要求，局发展研究中心从2007年起编发《气候变化、生物多样性和荒漠化问题动态参考》(以下简称《动态参考》)，以气候变化、生物多样性和荒漠化治理问题为重点，密切跟踪国内外林草建设和生态治理进程，搜集、整理和分析重要政策信息，为广大林草工作者提供一个跟踪动态、了解信息、学习借鉴的平台。2021年，《动态参考》汇集了近百份有价值的重要信息资料，主要集中在四个方面：一是林业和草原应对气候变化，包括在碳达峰碳中和目标下全球气候治理新格局下的林草发展机遇、生态空间结构建设、国内各方行动、碳定价机制、立法经验等；二是国家公园及自然保护地，聚焦国家公园治理体系构建、国家公园建设投入、矿权退出、保护地役权等；三是林业和草原维护生态安全，重点关注应对跨境火灾的协作机制、野生动物肇事等；四是林业和草原助推乡村振兴，包括国外乡村发展对我国的启示、林草产品价值创新实践等。这些信息必将对广大林草工作者开拓国际视野、指导当前工作起到参考作用。

今年，根据各方的要求和建议，发展研究中心将2021年《动态参考》整理汇编，形成了一本内容全面、重点突出、资料翔实、剖析深入的年度辑要，集中展现了林草生态治理的重要政策信息和理论创新成果。今后，在各方的支持下，《动态参考》及其年度辑要，会常办常新、越办越好，使广大林草工作者及时了解国内外林草建设和生态治理的进程动态和政策信息，从中学习借鉴好经验、好做法，为建设生态文明和美丽中国作出新的更大的贡献。

编者
2022年4月

目 录

前 言

第一篇　林业和草原应对气候变化

003　国际生态城市建设对我国长三角地区率先实现碳达峰和碳中和的启示

008　碳达峰、碳中和目标下全球气候治理新格局与林草发展机遇

014　欧洲绿色新政对林草服务碳达峰、碳中和的启示

020　国内各方行动对林草助推碳达峰、碳中和目标实现的启示

027　国际碳定价机制发展对中国林草业服务"双碳"目标的启示

033　德国、韩国林业应对气候变化立法经验及启示

第二篇　国家公园及自然保护地

043　美国和澳大利亚海洋国家公园建设对我国海洋类型国家公园治理体系构建的启示

049　增加国家公园投入，服务国家重大战略
　　　——基于美国国家公园财政预算变动的审视

054　国家公园矿权如何退出？

061　深度开发保护地役权，推进国家公园建设
　　　——基于美国保护地役权项目的分析及启示

第三篇　林业和草原维护生态安全

069　构建中蒙跨境火灾应对协作机制
　　——欧盟民事保护机制的经验与启示

073　野生动物肇事管控的国际经验对我国的启示

第四篇　林业和草原助推乡村振兴

083　宜居宜业宜游
　　——欧美发展林草助推乡村振兴的启示

089　服务新发展格局　促进乡村振兴
　　——基于欧洲非木质林产品价值创新实践

后　记

第一篇

林业和草原应对气候变化

国际生态城市建设对我国长三角地区
率先实现碳达峰和碳中和的启示

2020年9月以来,习近平总书记分别在联合国大会、联合国生物多样性峰会、第三届巴黎和平论坛、金砖国家领导人第十二次会晤、二十国集团领导人利雅得峰会、气候雄心峰会和世界经济论坛上七次宣示,中国二氧化碳排放力争2030年前达到峰值,2060年前实现碳中和。2020年中央经济工作会议明确将做好碳达峰和碳中和工作确定为2021年八大重点任务之一,强调指出要开展大规模国土绿化行动,提升生态系统碳汇能力;支持有条件的地方率先达峰。

林草行业必须切实担当起应对气候变化的重大责任,加强战略谋划,完善政策机制,扎实推进各项工作。城市既是能源资源消耗的主体,也是节能减排的重点。我国长江三角洲城市群是"一带一路"与长江经济带的重要交汇地带,城市化密集,二氧化碳排放量处于全国前列,是多个国家低碳城市所在地,有机会率先达峰。本文着重介绍国外生态城市建设的经验,以期为我国长江三角洲地区率先实现碳达峰和碳中和提供借鉴参考。

一、国外生态城市建设的经验

1971年,联合国教科文组织(UNESCO)在"人与生物圈(MAB)"计划中提出了"生态城市(ecological city)"的概念,明确提出要从生态学角度用综合生态方法来研究城市。生态城市是按照生态学原则建立起来的社会、经济、自然协调发展的新型社会关系,是有效地利用环境资源实现可持续发展的新的生产和生活方式。狭义地讲,就是按照生态学原理进行城市设计,建立高效、和谐、健康、可持续发展的人类聚居环境。生态城市是社会、经济、文化和自然高度协同和谐的复合生态系统,其内部的物质循环、能量流动和信息传递构成环环相扣、协同共生的网络,具有实现物质循环再生、能源充分利用、信息反馈调节、经济高效、社会和谐、人与自然协同共生的机能。

生态城市的概念提出至今,世界各国对生态城市进行了不断的探索和实践,其经验可归结为以下几个方面。

(一)统筹城乡生态功能分区,土地利用分区管控

由于城乡二者的生态问题以及相关策略存在明显不同,欧美发达国家非

常注重根据城市化程度和自然要素的差异,制定不同区域的保护与发展规划,注重构建由中心城市、地方小城市和中心城镇等不同生态区位、重点生态功能彼此互补的城镇体系。城镇内部则强调构建完整生态系统。美国加利福尼亚州伯克利市将生态敏感地区的保护和城市绿地、社区公园的规划建设结合起来,实现有机联系,形成完整的生态保护体系。美国加利福尼亚州欧文市的土地利用突出了其保护生态环境原则,在生态脆弱区域设立了自然保护区、城市公园以及社区公共绿地三级体系,保证了区域的连续性和完整性。规模较大的自然保护区相对独立,维护区域生态环境和保护生物物种。在每个大型居住区中都有社区公共绿地和水体,为居民亲近自然提供了大量空间,形成了完整的生态系统。居住区的开发奉行土地自然资源匹配原则和集约化发展原则,以减少人类居住活动对于自然环境的影响。居住用地贯穿整个区域布置,并且将主要自然保护区和产业发展带分隔。开发强度依据区域资源特性而定,在生态环境相对脆弱的滨海以及湿地区域和山地保护区附近开发低密度住宅,其住宅密度约为其他区域的1/10。居住区的设计遵循人与自然和谐的理念,其集约化发展理念可降低人均碳排量,实现节约能源、保护环境。

(二)秉持城市森林理念,推动生态系统增汇

欧美国家在中心城市建设发展中秉持城市森林理念,注重打造城市绿化网络系统,通过拓展城市林地、草地、湿地和公共绿地等立体绿化网络,优化生态安全屏障体系,增强城市绿化系统的气候调节功能,推动城市生态系统良性循环。

英国柴郡和默西赛德郡1994年发起为期30年的默西森林计划,目标是建设凉爽的城市森林,让周边20%的居民每周至少来森林一次。目前已种植800万棵树,建设了6000公顷新林地和改良的栖息地。英国彼得堡实施连接栖息地的城市绿色廊道网战略,预计实施期为20年,已建成总长72公里的城市绿色廊道网,该网络从市中心呈放射状连接现有的和规划建设的栖息地。美国的城市森林建设包括绿色屋顶、绿色街巷、城市绿道、城市公园、绿色开敞空间。目前,美国城市森林的面积逾1亿英亩(约4049万公顷),产生了很好的效益。一项针对美国5个城市的研究揭示,加利福尼亚州伯克利市的街道树木平均每棵能节约的能源成本为15美元/年,怀俄明州的夏延市为11美元/年。华盛顿特区的城市森林、公园和街道树木覆盖该市面积的28.6%,每年降低建筑能耗265万美元。冬季绿色屋顶建筑物可节约10%的能源消耗,夏季较其他黑色屋顶建筑温度低5~8℃。

(三)打造生态城镇,加强绿色基础设施建设

对地方小城市和中心城镇,欧美国家则强调根据自然条件,着力打造符

合自身特点的生态城镇，强化城镇绿色基础设施建设。英国政府规定生态城镇在绿色基础设施上，要求总面积的 40% 为绿色空间，这 40% 中，至少有 50% 是公共的、管理良好的、高质量的绿色开放空间网络；并要求将生态城镇的绿色空间与更为广阔的乡村地区衔接在一起。绿色空间要求具有多功能性和多样化，例如可以是社区森林、湿地、城镇广场等；可以用于游玩和娱乐，可以安全地步行和骑车，也能够提供野生动物栖息的功能；也可以是城市纳凉之处及排泄洪水之地。另外，要求重视保护用于生产本地食物、农产品的土地，允许和鼓励当地社区种植农作物，开展副业生产或商业性园艺。

（四）政策法律支持，动员多方参与

澳大利亚的布里斯班为应对资源严重超负荷的威胁，市政府决定通过政策支持实现生态环境可持续发展。2007 年，布里斯班市政府发布《气候变化和能源行动计划》，制订了实现可持续发展目标的长、短期行动措施，拟定了削减温室气体排放量、废水重复利用、恢复 40% 的自然栖息地等若干项具体行动纲领（Brisbane City Council 2006）。为了有效地实施《气候变化和能源行动计划》，政府开展了 City Smart 项目（Brisbane City Council 2009a），为了鼓励家庭参与，政府提供了退税和赠款来支持环境可持续发展项目的开展。

2007 年，苏格兰制定了《气候变化框架》（*Climate Change Framework*），设立了 2007—2015 年的减碳目标，并将减排纳入完整的战略框架体系中。2009 年，苏格兰议会通过了《气候变化法（苏格兰）》。迄今为止，苏格兰已将碳问题作为一项中心议题，从立法层面制订了一整套控制碳排放，应对气候变化的行动方案。

二、长三角地区城市群概况及绿色低碳举措

长江三角洲城市群是"一带一路"与长江经济带的重要交汇地带，在中国国家现代化建设大局和开放格局中具有举足轻重的战略地位，是中国参与国际竞争的重要平台、经济社会发展的重要引擎、长江经济带的引领者，是中国城镇化基础最好的地区之一。2016 年国务院常务会议通过的《长江三角洲城市群发展规划》提出，到 2030 年，全面建成具有全球影响力的世界级城市群。《规划》中明确提出"以生态保护提供发展新支撑，实施生态建设与修复工程"。2018 年，《中共中央 国务院关于建立更加有效的区域协调发展新机制的意见》明确要求以上海为中心引领长三角城市群发展，带动长江经济带发展。

长三角地区城市化密集，二氧化碳排放量处于全国前列。从产业部门来看，碳排放量大的行业都集中在城市地区，主要分布在占中国人口 40% 和占 GDP 逾 60% 的江河下游的东部沿海地区。2018 年长三角地区二氧化碳排放总

量与2010年相比增加了22.5%。城市方面，苏州市、宁波市、徐州市、无锡市、南京市、芜湖市等城市的排放较高。长三角地区二氧化碳排放聚集效应明显，已经形成以上海市、南京市、苏州市、常州市、合肥市、杭州市等大型城市为核心的高排放聚集区域，且城市核心城区是温室气体集中排放的区域。

近年来，长三角地区为实现碳达峰和碳中和做了很多尝试。南京成立了全球首家以"碳中和"命名的研究机构——长三角碳中和战略发展研究院。安徽省宣城市围绕创建国家森林城市、国家生态城市、国家园林城市，走出了一条生态优先、绿色发展的科学发展之路。"十三五"期间长三角地区应对气候变化工作取得显著成效，二氧化碳排放量虽仍呈逐年增加的趋势，但增长率逐渐下降。为确保我国碳中和国家目标顺利实现，长三角地区仍需继续加强探索。

三、对我国长三角地区的启示

国际生态城市建设经验对长三角地区实现碳中和有如下启示。

(一)优化生态空间结构，形成绿色发展格局

形成以"三线一单"(生态保护红线、环境质量底线、资源利用上线和环境准入负面清单)为基础的协同优化区域布局，打破行政隔阂，建立区域协同发展机制，根据空间格局因地制宜制定区域发展战略，长三角地区应优先培育绿色高新产业共同体，以产业绿色发展加速土地绿色集约化效应的形成。美国的集约化发展理念降低人均碳排量的经验值得我国借鉴和学习，城市发展水平与碳排放强度的集中度相关，打造集约型的空间格局、提高集约节约利用水平是降低碳排放进而实现碳达峰和碳中和的重要途径。针对长三角地区，以上海市、南京市、杭州市为主的经济较为发达的城市，应保持较高的土地集约节约利用，以降低碳排放强度集中度；以合肥市、绍兴市、嘉兴市等受辐射较为明显的地区，应控制新增碳源用地，挖掘潜在碳汇用地，实现区域内的碳平衡；以安庆市、池州市、宣城市为主的生态资源良好、碳汇用地规模较大的地区，应优化土地利用结构布局，在保证碳汇功能的基础上实现高质量发展。

长三角地区有天然的生态优势，应充分发挥环淀山湖区域生态环境优势，构建蓝绿交织、林田共生的生态网络，将其生态优势融入大都市圈，形成绿色田园乡村与现代城镇和谐共生的空间格局，积极探索和率先实践生态优先、绿色发展、乡村振兴有机结合的新格局。

加强生态空间管控，优化城镇与湖荡之间、城市空间组团区域之间的生态空间结构。加强区域生态廊道和自然保护地建设，通过林地绿地、郊野公

园、区域绿道串联，提升区域生态环境品质，构建以水为脉、林田共生、城绿相依的自然格局。力争在2025年实现绿化覆盖率42%以上、森林覆盖率20%以上的目标。

（二）实施基于自然的解决方案，统筹促进经济发展、保护生态环境与应对气候变化和改善生物多样性的协同对策

贯彻以生态优先、人与自然和谐发展的生态文明思想，实施基于自然的解决方案，遵循自然规律，通过生态系统的保护、修复、改进和加强管理，提升其服务功能，提高气候韧性。加强森林资源培育，不断增加森林面积和蓄积量，实施天然林保护、退耕还林还草、防护林体系建设、水土保护等生态工程建设，增强森林、湿地等自然生态系统固碳能力，减源增汇，保护重要生态功能区，完善自然保护地体系，加强生态保护红线管控，推进生物多样性保护。要把适应和减缓气候变化与节约资源、保护环境的各项政策相结合，实现山水林田湖等生态系统的综合治理，共筑生态安全格局。构建以皖西大别山、皖南-浙西-浙南山区为重点的绿色生态屏障区，构建以长江水道、淮河-洪泽湖水道为重点的生态廊道，形成"两屏两廊"生态安全格局。

（三）生态环境协作机制

健全区域生态环境保护协作机制。加快构建现代环境治理体系，突出社会共治。建立健全生态环境治理的领导责任、企业责任、全民行动、监管、信用、市场、法规政策和区域协作等八大体系。推动林草碳汇纳入全国碳排放权交易市场，积极参与国内外碳排放权交易。鼓励社会资本参与碳汇林草业建设。完善区域法制标准体系，统筹立法协作，强化联合执法，推动司法联动，推进标准协同。建设区域环境科研技术平台。强化绿色低碳技术供给，壮大绿色低碳产业动能，构建绿色低碳能源体系。以提升绿色低碳治理效能为重点，探索绿色低碳发展创新实践。健全生态补偿机制，积极运用碳汇交易、生态产品服务标志等补偿方式，实现重要生态功能保护区的保护发展。充分发挥长三角区域一体化国际合作优势，引导全球气候治理和国际合作，推动全球生态文明建设，构建人类命运共同体。

（编译整理：王芊樾、赵金成、李想、陈雅如、王佳；审定：李冰、周戡）

碳达峰、碳中和目标下
全球气候治理新格局与林草发展机遇

2020年9月22日以来，习近平总书记在第七十五届联合国大会一般性辩论、联合国生物多样性峰会、第三届巴黎和平论坛、金砖国家领导人第十二次会晤、二十国集团领导人利雅得峰会"守护地球"主题边会和气候雄心峰会等多个国际重要场合发表重要讲话，向国际社会郑重宣布中国将提高国家自主贡献力度，采取更加有力的政策和措施，二氧化碳排放力争于2030年前达到峰值，努力争取2060年前实现碳中和，2030年森林蓄积量将比2005年增加60亿立方米。

2019年12月，欧盟在其发布的《欧洲绿色协议》中率先提出2050年实现碳中和的目标，随后各主要发达国家纷纷提出碳中和目标。2020年，中国做出碳中和承诺之后，国际社会更是给予高度评价，许多国家积极跟进，日本、韩国相继提出在2050年之前实现碳中和。2020年2月，美国正式重返《巴黎协定》。全球共同瞩目的即将持续数十年的碳中和国际进程正式开启。

一、碳达峰、碳中和的概念

目前，国际社会对碳达峰尚无明确定义。世界资源研究所（WRI）认为，碳排放达峰简称碳达峰，并不单指碳排放量在某个时间点达到峰值，而是一个过程，即碳排放首先进入平台期并可能在一定范围内波动，然后进入平稳下降阶段。碳达峰的目标包括达峰时间和峰值。碳排放峰值指在所讨论的时间周期内，一个经济体温室气体（主要是二氧化碳）的最高排放量值。联合国政府间气候变化专门委员会（IPCC）第四次评估报告将峰值定义为在排放量降低之前达到的最高值。

国际社会碳中和的概念也是多样，目前与碳中和目标相关的表述主要有三种：气候中和、碳中和、净零排放。其中，气候中和指人类活动对于气候系统提供没有净影响的一种状态，需要在温室气体排放量、排放吸收量和特定区域大致的生物地球物理效应之间取得平衡；碳中和指的是人类活动造成的二氧化碳排放与人为二氧化碳吸收量在一定时期内达到平衡；净零排放指的是人类活动造成的温室气体排放与人为排放吸收量在一定时期内实现平衡。当前，大多数国家在碳中和目标中对温室气体涵盖范围的界定并不清晰，没有严格区分这几个概念，通常认为可相互替代。

二、《巴黎协定》对碳达峰、碳中和的要求

联合国气候变化框架公约（UNFCCC）的首要目标是减少温室气体排放，使大气中温室气体含量降低到不危害人类及生态系统安全的程度。自气候公约签署以来，先后通过了《京都议定书》和《巴黎协定》等重要法律文书，形成"巴厘路线图"、"坎昆决议"和"多哈修正案"等多个重要决定，确定了"共同但有区别的责任"和"公平"等基本原则。

《巴黎协定》（以下简称《协定》）虽没有直接提出碳达峰、碳中和的目标约束，但明确了"把全球平均温升控制在显著低于工业化前水平的2℃之内，并努力将温升限制在工业化前水平的1.5℃之内"的长期气温目标。为了实现这一目标，《协定》第4条第1款指出"为了实现第二条规定的长期气温目标，缔约方旨在尽快达到温室气体排放的全球峰值，同时认识到达峰对发展中国家缔约方来说需要更长的时间；此后利用现有技术迅速减排，以联系可持续发展和消除贫困，在公平的基础上，在本世纪下半叶实现温室气体源的人为排放与汇的清除之间的平衡"；《协定》第4条第4款指出，"发达国家缔约方应当继续带头，努力实现全经济范围绝对减排目标。发展中国家缔约方应当继续加强它们的减缓努力，鼓励它们根据不同的国情，逐渐转向全经济范围减排或限排目标"。

此外，《协定》的实施细则要求各国以国家自主贡献①（以下简称"NDCs"）的方式，提出本国应对气候变化的目标、政策和行动，并给予发展中国家更多的灵活性。各国自主贡献的目标和行动以5年为一个周期进行审评和全球盘点，各国需在5年内提交新的国家自主贡献。

三、世界主要国家碳达峰、碳中和情况

2020年，全球已经有54个国家实现了碳达峰，占全球碳排放总量的40%，其中大部分属于发达国家（表1）。排名前十五位的碳排放国家中，美国、俄罗斯、日本、巴西、印度尼西亚、德国、加拿大、韩国、英国和法国已经实现碳达峰，中国、马绍尔群岛、墨西哥、新加坡等国家承诺在2030年以前实现碳达峰。届时全球将有58个国家实现碳达峰，占全球碳排放量的60%。

同时，越来越多的国家正在将碳中和目标转化为国家发展战略，提出无碳未来的愿景。2019年12月，欧盟宣布碳中和目标；2020年9月，中国宣布碳中和目标，随后日本、韩国也相继宣布碳中和目标。2021年2月，美国

---

① 国家自主贡献：nationally determined contributions（NDCs）

总统拜登就职首日即签署了重返《巴黎协定》的行政令,并明确将提出碳中和的时间表和路线图,这也意味着,目前全球重要的经济体均开始碳中和进程。截至 2020 年 10 月 31 日,共有包括中国、欧盟和加拿大在内的 30 个国家或地区以国家法律、提交协定或政策宣示等方式提出了碳中和目标或承诺,57 个国家仅以口头承诺方式提出碳中和目标(表2)。

表 1 碳达峰的主要国家和地区

国家/地区	碳达峰时间	碳排放峰值 (亿吨 CO_2 当量)	人均碳排放峰值 (吨 CO_2 当量)
欧盟(27国)	1990 年	48.54	10.28
俄罗斯	1990 年	31.88	21.58
英国	1991 年	8.07	14.05
美国	2007 年	74.16	24.46
加拿大	2007 年	7.42	22.56
巴西	2012 年	10.28	5.17
日本	2013 年	14.08	11.17
韩国	2013 年	6.97	13.82
印度尼西亚	2015 年	9.07	3.66

注:2010 年之后,随着俄罗斯经济逐渐复苏,碳排放量有所回升,但仍然远低于 1990 年水平。英国在碳达峰后碳排放量持续降低,2018 年碳排放总量降为 4.66 亿吨 CO_2 当量,相较于 1991 年峰值下降了 42.26%。巴西受 2014 年世界杯和 2016 年里约奥运会影响,碳排放量有所回升,总体仍低于 2012 年水平。

表 2 提出碳中和目标或承诺的主要国家和地区

承诺类型	国家(地区)及目标年
已实现	苏里南、不丹
已立法	瑞典(2045)、英国(2050)、法国(2050)、丹麦(2050)、德国(2050)、新西兰(2050)、匈牙利(2050)
提交协定	乌拉圭(2030)、欧盟(2050)、西班牙(2050)、智利(2050)、斐济(2050)、斯洛伐克(2050)、新加坡(在 21 世纪后半叶尽早实现)
政策宣示	芬兰(2035)、奥地利(2040)、冰岛(2040)、加拿大(2050)、瑞士(2050)、挪威(2050)、爱尔兰(2050)、葡萄牙(2050)、哥斯达黎加(2050)、斯洛文尼亚(2050)、马绍尔群岛(2050)、南非(2050)、韩国(2050)、中国(2060)、日本(21 世纪后半叶尽早实现)
口头承诺	主要是非洲和一些小岛屿国家

四、面向碳达峰、碳中和的全球气候治理新格局

(一)中国将发挥关键作用

当前,受到新冠肺炎疫情的冲击,全球治理正处在"十字路口"。在这样一个全球目标不明晰的时刻,我国主动提出了以碳中和愿景为引领的 21 世纪中叶长期温室气体低排放发展战略,极大地提振了国际社会共同实施《巴黎协

定》和推动疫后世界经济"绿色复苏"的信心。习近平主席的重大宣示既表明了中国全力推进新发展理念的坚定意志，也彰显了中国愿为全球应对气候变化做出新贡献的明确态度，为各方共同努力全面落实《巴黎协定》和推动疫后世界经济"绿色复苏"奠定了主基调，得到国际社会的普遍赞誉，超出了国际社会的预期。

此外，欧盟松散的组织架构和英国脱欧，美国在气候变化治理的摇摆不定，导致了两者在气候治理领导力的日渐下降，疫后全球气候治理格局的多极化趋势将更加明显。中国做出的碳中和承诺与行动将在全球应对气候变化的进程中起到关键作用，中国的话语权呈上升趋势，能力也逐步增强，在疫后全球气候治理新格局中，中国将发挥更为关键的作用。

(二)我国未来谈判压力仍大

在未来气候谈判中，谈判格局将发生变化，谈判集团将重新组合。中国的谈判压力将有所降低，但降低的程度不会太大。

一方面，发达国家否定"共同但有区别的责任"原则和发达国家、发展中国家的"二分法"，主张发展中国家也应进行减排，特别是发展中大国更应该率先减排。中国是全球第二大经济体，温室气体排放量居全球首位，占全球排放量的28.1%，发达国家针对的主要发展中国家就是中国，发达国家强烈要求中国进行减排，最不发达国家和小岛国等发展中国家也有类似诉求。

另一方面，尽管中国的发展中国家地位不会改变，仍然是发展中国家集体(G77+中国)成员，但中国参与的"基础四国"、"金砖国家"和"立场相近国家"等集团有可能出现分化。印度受疫情影响国内经济严重衰退，短期之内自顾不暇，气候治理的权利、能力和意愿都将下降。俄罗斯、巴西和南非的气候治理权威也受到一定程度的影响。疫后，若仍要发挥金砖国家等发展中国家集团在全球气候治理格局中的作用，中国必然要付出更大努力开展内部协调。

(三)谈判重点议题的变化

未来气候谈判的焦点将发生变化，由对减排力度和目标的争论转向经验分享机制、MRV机制、资金机制等议题的讨论。一是，发达国家先进的减排政策、路径、模式和技术的分享。发达国家应该站在"人类命运共同体"的角度，分享碳达峰和碳中和的先进技术和成功经验，带领发展中国家利用现有技术实现迅速减排。二是，各国应对气候变化行动力度和进展的跟踪、报告和核实(MRV)体系。尽管《坎昆决定》和《巴黎协定》及其实施细则对MRV体系做出了明确的规定，但中国和欧盟等主要排放大国提出了碳中和目标后，如何建设MRV体系将成为未来谈判的核心领域，这就包括在碳中和核算标准制定中对气候中和、碳中和、净零排放等不同表述的区分厘清。三是，资金问题。全球要实现碳中和，资金缺口仍然很大，发达国家并未完全兑现为发展中国家提供充分资金支持的承诺。目前，中国人均国民生产总值已超过 1 万美元，在今后 2~3 年内将达到 12000 美元左右的高收入国家标准①。中国是否应该像其他发达国家一样，承担出资义务，是我国在未来谈判中将面临的一个重要问题。四是，气候适应议题。如何降低气候变化的影响，提高脆弱地区和低收入国家适应气候变化能力也是国际社会亟待解决的问题。

(四)美国政治格局的影响

美国特朗普政府于 2017 年 6 月宣布退出《巴黎协定》，并于 2020 年 11 月正式退出。随着拜登就任美国总统，2 月 19 日，即总统就职首日拜登签署了重返《巴黎协定》的行政令，美国再度成为缔约方。虽然美国的退出和重新加入增加了气候变化谈判的不确定性，但美国的重新加入有助于气候变化谈判。伞形集团国家在气候谈判中具有巨大影响力，而美国在伞形集团具有举足轻重的地位，美国立场是影响气候谈判走向的重要因素。

五、气候治理新格局下林业和草原发展机遇

(一)森林等生态系统的作用将更加凸显

《巴黎协定》第 5 条明确提出，森林是气候解决方案的一个重要组成部分，通过对森林、草原、湿地等生态系统的保护、修复和可持续管理来减缓气候变化，有助于《巴黎协定》减排目标的实现，是具有保护生物多样性、促进可持续发展等多重效益的解决方案。

各国林业和草原应对气候变化的目标、政策与行动体现在国家自主贡献（NDCs）和国家长期温室气体低排放发展战略②（LTS）之中。一方面，在已提交 UNFCCC 的 186 份 NDCs 文本中，仅有 39 个缔约方明确了林业目标、减排数值或路径，其中仅有 3 个发达国家，即澳大利亚、日本、挪威，其余均为发展中国家，如中国、印度、巴西、印度尼西亚等。这些国家贡献了 2010 年全球土地利用、土地利用变化和林业（LULUCF）净排放量的 76.2%。中国政府承诺相对于 2005 年，2030 年增加森林蓄积量 60 亿立方米；印度政府承诺通过加大造林力度，到 2030 年增加 25 亿~30 亿吨 CO_2 贮量；巴西政府将加强《森林法》执法，实现巴西境内亚马孙流域"零"非法采伐，并对减少植被碳

---

① 按照世界银行的定义，低收入国家为人均国民年收入低于 1045 美元，中低收入国家为人均国民年收入在 1046~4125 美元之间，中高收入国家为人均国民年收入在 4126~12735 美元之间，高收入国家为人均国民年收入高于 12736 美元。

② 长期温室气体低排放发展战略：long-term low greenhouse gas emission development strategy（LTS）

排放行为进行补偿。另一方面，目前有加拿大、德国、墨西哥、美国、贝宁、法国、捷克、英国、乌克兰、马绍尔群岛和斐济共29个缔约方提交了国家LTS文本。如美国LTS文本中提出了涉及农业、畜牧业、林业（森林）、草地、湿地、城市规划、生物质能源、木质林产品等方面的减排和增汇，针对林业，提出了造林、再造林、减少毁林（林地转换为其他用地）、森林可持续经营、农林复合经营、减少自然干扰等措施，以及草地集约化管理、加强湿地（特别是沿海湿地）的保护；此外，还提出市场机制、补偿机制等激励措施，以及对提高土地利用的效率、降低不确定性、加强MRV体系的科学支撑保障。

（二）新格局下林草应对气候变化的关键点

习近平总书记对国际社会做出的重大承诺是林草行业高质量发展的行动指南，林草发展必须把应对气候变化作为重要战略任务，遵循自然生态系统演替规律，充分发挥森林等生态系统对二氧化碳等温室气体的吸收功能、存储功能、替代功能和适应功能。为实现我国碳达峰与碳中和目标，林草部门应担负应对气候变化的重大责任，充分发挥行业独特优势，聚焦增汇减排，加强战略谋划，统筹保护和发展，创新科技支撑，加强监测核查。

一是，谋划设计林草应对气候变化路线图。根据习近平总书记提出的碳达峰、碳中和目标和"两步走"战略设想，建立目标导向倒逼机制，以2030年前碳达峰为中期目标，以2060年前实现碳中和为最终目标，把2021年到2060年的40年时间分解为四个阶段：第一阶段（2021—2030年）实现碳达峰，第二阶段（2031—2040年）核心目标为碳排放大幅度下降，第三阶段（2041—2050年）主要高碳排产业碳排放降至趋于零，第四阶段（2051—2060年）实现碳中和目标。深入落实党的十九届五中全会和中央经济会议精神，按照碳达峰、碳中和目标，科学设计林草应对气候变化路线图，研究谋划各阶段林草碳汇的目标指标以及主要途径和政策建议。当前，应加强"十四五"林业草原保护发展规划中碳达峰、碳中和的目标和行动方案，明确林草增汇减排的预期目标、主要任务和配套措施，指导各地林草部门主动履职尽责。

二是，制定我国森林碳汇增长中长期规划。加强我国林草碳汇增长潜力的预测与模拟。森林碳汇的增长路径将会对碳达峰目标产生影响：如果森林碳汇的增长在2030年之后放缓，意味着其他排放部门在2030年继续减排才能实现达峰目标；反之，实现达峰目标只需要其他部门在2030年维持排放量即可。因此，既要科学分析预测未来40年森林碳储量存量和增量的变化趋势，还要分区分时，立足自身并结合其他行业。例如，西北地区以植树种草的增绿为主攻方向，南方集体林区以森林质量精准提升的提质增效为主攻方向，此外，山水林田湖草沙等生态系统保护和修复也将带动碳汇能力的提升。基于未来林草碳汇增长曲线，制定符合我国国情林情的森林碳汇中长期发展规划，明确不同未来情境下不同地区不同发展阶段的政策着力点，推动林草应对气候变化路线图落地实施。

三是，构建林草生态产品的价值实现机制。"增绿增质增效"已成为未来增加森林碳汇的主攻方向，集体林约占全国林地总面积的60%，随着集体林权制度改革的深入，激励政策密集出台，种植技术不断提高，林业投入也随之增加，集体林区的碳汇增长潜力可观。一方面，继续推进林草碳汇交易，完善基于市场化的碳汇交易机制。拓展集体林经营权权能，健全林权流转和抵押贷款制度，吸引国企、民企、外企、集体、个人、社会组织等各方力量投入到林业碳汇行业中来。另一方面，创新林草生态产品产权界定、核算评估、生态补偿、有偿使用、特许经营、绿色认证等机制，完善市场化、多元化生态补偿机制。构建高质量林草产业体系，推动木竹建材产业扩容升级，支持在有条件的地区优先推广木结构建筑和木竹建材，加强资源定向培育、关键技术攻关、标准体系建设和宣传推广。

（供稿：陈雅如、赵金成、王国胜、武立磊、李想、王芊樾、张多；审定：李冰、周戡）

欧洲绿色新政对林草服务碳达峰、碳中和的启示

2020年9月22日以来，习近平总书记在多个重要国际场合发表重要讲话，向国际社会郑重宣布中国将提高国家自主贡献力度，二氧化碳排放力争于2030年前达到峰值，努力争取2060年前实现碳中和，2030年森林蓄积量将比2005年增加60亿立方米。

中国提出这一目标之后，国际社会给予了高度评价。日本、韩国相继宣布碳中和目标，韩国将在节能住宅、公共建筑、电动汽车、可再生能源发电方面加大投入，日本将致力于加强太阳能、氢能和碳循环等重点技术的研发与投资。在国内，"碳达峰、碳中和"也已成为实现我国经济社会绿色低碳循环发展的关键推动力。十九届五中全会、中央经济工作会议、政府工作报告中都明确提出要抓紧制定2030年前碳排放达峰行动方案，支持有条件的地方率先达峰。本期我们梳理了欧洲绿色新政，以期对林草行业助推碳达峰、碳中和国家目标的实现提供启示和借鉴。

一、欧洲绿色新政

2019年12月，新一届欧盟委员会在联合国气候变化大会（COP25）上发

布了新的欧洲绿色发展战略文件——《欧洲绿色协议》。这是迄今为止欧盟在气候变化领域出台的最重要的纲领性文件,不仅提出了欧盟2050年碳中和目标,描绘了欧盟绿色转型的蓝图,还提出了落实目标的政策路线图,包括立法、制定新政策以及对现有政策的调整,对欧盟未来中长期的经济社会发展将产生深远影响。欧洲绿色新政成为提高全球应对气候变化雄心和力度、推动全球可持续发展的重要风向标,引起了世界各国的高度关注。

(一)欧洲绿色协议

《欧洲绿色协议》(*European Green Deal*)包括总体目标、七个领域(能源、工业、建筑、交通、粮食、生态和环境)的具体行动目标和政策措施,以及用于支持目标实现的资金机制、技术创新和确保所有成员国共同参与的保障措施(图1)。

- 一、提高欧盟2030年和2050年的减排雄心:2030年温室气体减排目标从1990年减排40%上调至50%并力争到55%,出台首部《欧洲气候法》
- 二、提出七个重点领域实现目标的政策路径:
  - 生态:保护恢复生态系统和生物多样性
  - 粮食:建立公平、健康、环境友好的"从农场到餐桌"的食品体系
  - 能源:提供清洁、可负担的、安全的能源
  - 工业:提出面向清洁生产、循环经济的工业战略
  - 建筑:高能效和高资源效率建筑
  - 交通:发展可持续和智能的交通
  - 环境:走向无毒、零污染的环境防治
- 三、资金渠道:公私共同投入,包括实施"可持续欧洲投资计划"、绿色专项投资、私营部门可持续融资战略
- 四、保障措施

图1 欧洲绿色新政要点架构

《欧洲绿色协议》基于保护生态系统、保护生物多样性和应对气候变化之间的关系,提出三方面要求:一是在生物多样性方面,欧盟委员于2020年5月出台了《欧盟2030年生物多样性战略》,并将于联合国生物多样性大会COP15上提出保护生物多样性的全球目标,建议采取可量化的目标来应对生物多样性丧失的风险,增加城市空间中的生物多样性,并从2021年开始围绕生物多样性丧失的主要因素综合施策。二是在森林保护方面,欧盟委员会将制定《欧盟新森林战略》,开展植树造林和森林修复,以达到碳中和目标。从2020年开始,欧洲将采取措施支持无森林砍伐的价值链,尽量减少全球森林风险。三是在海洋保护方面,要求蓝色经济必须在应对气候变化中发挥核心

作用，充分利用海洋资源。

欧盟力求借助《欧洲绿色协议》发挥其在全球气候治理中的领导地位。在欧盟成员国内，欧洲委员会于 2020 年提出首部《欧洲气候法》，以法治保障气候雄心目标的有力推进，加强欧盟成员国之间关于新政的绿色外交，确保成员国之间的政策与行动具有可比性。在欧盟成员国外，欧盟将提出《第八次环境行动方案》，继续主导国际气候和生物多样性谈判，通过开展双边外交促使合作伙伴采取行动。需要注意的是，为防止全球范围内因应对气候变化意愿和行动存在差异而导致的碳泄漏风险，欧盟委员会将把进口商品价格与碳排放挂钩，在特定行业建立碳边境调节机制。

（二）欧盟 2030 年生物多样性战略

2020 年 5 月，欧盟发布《欧盟 2030 年生物多样性战略》（*EU Biodiversity Strategy for* 2030，以下简称《生物多样性战略》），这是欧洲绿色协议的一个关键核心部分，是该协议在生物多样性领域的行动指南和路线图，明确了欧盟在 2030 年前扭转生态系统退化、使生物多样性走上恢复之路的目标（表 1）。《生物多样性战略》从自然保护和恢复两个层面提出了到 2030 年要实现的 17 项具体目标、10 个领域战略规划，包括加强欧盟自然恢复法律体系建设、确保农业生态系统健康和可持续、解决土地征用和恢复土壤生态系统、增加森林数量并改善其健康和适应能力、提出能源生产的双赢解决方案、恢复海洋

表 1 欧洲 2030 年生物多样性战略目标

一、自然保护目标
1. 合法保护至少 30% 的欧盟陆地面积和 30% 的欧盟海域面积，整合生态走廊，建立欧洲自然网络；
2. 严格保护至少 1/3 的欧盟保护区，包括目前保留的所有原始林和古老森林；
3. 有效管理所有保护区，明确保护目标和措施，并进行适当监测
二、自然恢复目标
1. 具有法律约束力的欧盟自然恢复目标将于 2021 年提出，并接受影响评估。到 2030 年，大量退化和富碳生态系统得到恢复；生境和物种的保护趋势和状况没有恶化；至少 30% 达到有利的保育状态或至少呈现积极的趋势；
2. 传粉者数量的下降趋势被逆转；
3. 化学农药的使用量和风险减少 50%，更危险的农药的使用量减少 50%；
4. 至少有 10% 的农业区具有高度多样性的景观特征；
5. 至少 25% 的农业用地在有机耕作管理之下，农业生态实践的接受程度显著提高；
6. 欧盟在充分考虑生态原则的前提下种植 30 亿棵新树；
7. 土壤污染场地整治取得重大进展；
8. 至少 2.5 万公里河流得到恢复；
9. 受外来入侵物种威胁的红色名录物种数量减少 50%；
10. 化肥造成的营养损失减少 50%，化肥使用量至少减少 20%；
11. 在 2 万以上居民的城市规划雄心勃勃的城市绿化；
12. 欧盟城市绿地等敏感地区不使用化学杀虫剂；
13. 大大降低由捕鱼、开采等活动对海床的不利影响、对敏感物种和生境的负面影响，以达到良好的环境状况；
14. 物种的附带捕捞物被消除或减少到能够使物种恢复、保存的水平

生态系统的良好环境状况、恢复淡水生态系统、保证城市及近郊绿化空间、减少污染、合理处理和评估外来入侵物种。

在加强欧盟自然恢复法律体系建设方面，《生物多样性战略》提出两个行动，一是在进行影响评估的前提下，欧盟委员会将在2021年提出一项具有法律约束力的欧盟自然恢复目标，以恢复退化的生态系统，并预防和减少自然灾害对生态系统的影响；二是欧盟委员会将要求并支持成员国在明确的时限内提高现有立法的执行水平。

在增加森林数量并改善其健康和适应能力方面，强调了森林对于生物多样性、气候和水的调节作用，对碳封存和储存、土壤稳定以及空气和水的净化等也非常重要。因此，要提高森林的数量、质量和适应力，特别是防止火灾、干旱、虫害、疾病和其他可能由气候变化而导致的威胁；构建具有韧性的森林以支持更有韧性的经济。为了实现这一目标，欧盟委员会将根据更广泛的生物多样性和气候中和的目标，在2021年提出森林专项规划，即《欧盟新森林战略》。

在保证城市及近郊绿化空间方面，从公园、花园到绿色屋顶、城市农场，绿色空间为人们提供了广泛的利益。绿色空间能减少空气、水和噪音的污染，防止洪水、干旱和热浪，并保持人与自然之间的联系。要扭转和阻止绿色城市生态系统生物多样性的丧失，把健康生态系统、绿色基础设施和基于自然的解决方案等纳入城市规划，即系统地纳入公共空间、基础设施和建筑物及其周围环境的规划设计之中。改善绿地之间的联系，消除杀虫剂的使用，限制过度修剪等不利于生物多样性的做法。

(三) 欧盟森林战略和欧盟新森林战略

《欧盟森林战略》(*EU Forest Strategy*，以下简称《森林战略》) 于 2013 年订立，旨在协调欧盟应对欧盟森林和林业部门面临的挑战，是欧盟气候政策的主要组成部分。该战略确定了加强可持续森林管理、提高竞争力、创造就业机会所需的关键原则，提出了从欧盟委员会、成员国和其他利益相关方三个维度共同努力确保森林得到有效保护和提供生态系统服务。《森林战略》设定了到 2020 年要实现两个关键目标：一是确保欧盟所有森林都按照森林管理原则进行管理；二是加强欧盟在促进森林管理和减少全球森林砍伐方面的贡献。

《森林战略》涉及 8 个相互联系的优先领域，包括支持农村和城市社区发展、促进林产工业、生物能源和绿色经济的竞争力和可持续性、森林应对气候变化、保护森林和加强生态系统服务、森林现状和变化、林产品和附加产品的创新、加强协调管理和对森林的认知、从全球角度看森林，针对每个优先领域制定了具体的战略方针和行动计划。

2018 年 12 月，欧盟委员会发布了对《森林战略》的中期评估报告，认为 8

个优先领域的多数行动计划已执行到位,具体为:约30%已完全或部分执行,约45%正在执行,约10%尚未开始,有少数延迟。评估报告认为:《森林战略》在鼓励和推动森林可持续经营和发挥森林多功能性方面发挥了积极作用,不但减少了毁林、增加了碳汇、减少了温室气体排放,还增强了生态系统对快速变化的气候的适应力,加强了生物多样性和其他生态系统服务保护。此外,为欧盟绿色经济的发展做出了极大贡献,林产工业价值链不断延伸、提供了约360万个工作岗位,增加了森林相关产品的种类和越来越广泛的用途,森林相关产品将逐渐取代化石材料,支持了生物经济(包括生物质能源)的发展。

根据中期评估结论,欧盟委员会确定了2018—2020年森林战略的发展方向和优先次序,包括:①加强森林应对林火、自然灾害、气候变化和外来入侵物种等风险的能力;②使森林在欧盟未来的能源结构中发挥更重要的作用,同时进一步研究森林生物质利用对温室气体的影响;③通过欧盟的研究和开发计划对具有成本效益的木材新产品进行有针对性的研究;④注重知识积累工作,尤其是新建立的欧洲森林信息系统长期数据的收集工作;⑤为年轻的林业工作者制定新的培训计划,吸引更多人加入森林工业的行列;⑥由欧盟委员会完成对欧盟木材法规实施效果的评估。此外,欧盟委员会将进一步改进协调、沟通和分享最佳实践,并在2020年后制定欧盟新森林战略(A New EU Forest Strategy),提出更加雄心勃勃的目标和行动方案。

二、对林草服务碳达峰、碳中和的几点启示

(一)加强统筹协调,发挥林草优势

欧洲绿色新政从广阔的视角入手,以2050年碳中和战略目标为导向,统筹协调绿色低碳转型发展。欧盟围绕提升经济竞争力和深度脱碳的核心战略目标,统筹协调经济社会发展、能源资源支撑和生态环境保护,注重源头控制,开展顶层设计,将绿色要求全面系统融入能源、工业、建筑、交通、环境、农业、资源、生态各部门,部署了各领域目标任务和时间表路线图,并加强资金、政策等保障工作的统筹力度,形成推动经济社会绿色转型发展的合力。为提高《欧洲绿色协议》的执行效率,欧盟委员会将从2020年开始,积极检查欧盟及其成员国在绿色预算上的执行情况,整合欧洲可持续发展的阶段性目标及其配套政策。

当前,我国正在努力形成以更低生态环境资源为代价,实现经济社会绿色低碳循环发展的局面,出台了一系列绿色措施,包括提升新能源汽车比重、启动绿色发展基金、促进绿色金融发展等。然而,与绿色发展相适应的治理体系和工作机制尚需完善,政策机制存在分散化、碎片化问题。

要树立全国"一盘棋"思想，统筹推进调整产业结构、优化能源结构、提高能效、增加生态碳汇等降碳路径，严格控制高耗能项目新增产能，大力发展可再生能源、规模化储能、新能源汽车、绿色建筑、清洁供暖、碳捕集封存利用（CCUS）等绿色低碳新技术新产业，推动重点区域和行业碳排放率先达峰，完善能源价格、碳价、财税、绿色投融资等激励政策。森林固碳是减缓气候变化的重要途径之一，在我国宣布的气候变化目标、国家自主贡献目标中一直都包含了增加森林蓄积量的量化目标。最新提出的碳达峰、碳中和目标和森林蓄积量将增加60亿立方米目标，更将林草应对气候变化的地位和作用提升到新的高度。林草部门要主动服务和支撑国家重大战略，充分发挥行业独特优势。聚焦减排增汇，统筹保护和发展，尽早部署实现中长期林草应对气候变化新行动目标路线图，加强对2035年远景目标的论证，把握重点任务，细化量化指标，加强资金、政策保障，将碳中和指标纳入"林长制"考核监督范围，使林草应对气候变化与生态系统保护协同增效。

（二）依托市场机制，推动林业碳汇交易

碳市场交易机制允许碳排放资源在不同企业之间通过市场进行自由配置，相比行政手段，市场机制能够以较低的成本实现既定的减排目标。2005年，欧盟碳排放权交易体系（European Union Emission Trading Scheme，EU ETS）正式开始运行，在16年的实践过程中不断完善，取得了很大的成效，并发展成为世界上最大的碳排放交易体系。欧盟碳交易市场的更新完善是实现欧洲2050碳中和目标的关键措施之一，《欧洲绿色协议》中多次提到考虑扩大欧盟碳排放权交易市场覆盖行业，如尝试将建筑物排放、海运业排放纳入欧盟碳排放权交易体系，同时，欧盟将与全球伙伴一起开发全球碳市场。

全国碳排放权交易市场是落实我国碳达峰、碳中和目标的核心政策工具之一，林业碳汇交易是碳交易体系的重要组成部分。当前我国林业碳汇交易主要是在中国核证减排机制（CCER）和地方试点省市的核证减排机制下进行，如北京核证减排交易（BCER）、福建林业核证减排交易（FFCER）和广东碳普惠核证减排交易（PHCER）。按照当前规定，控排企业从碳汇交易市场上获取的碳汇最多只能抵消其排放配额的10%，但随着企业技术升级和产业结构转型的推进，企业减排量将逐年增加，可适当提高控排企业在碳汇交易市场获取排放额度的比例，提高企业参与碳汇交易的积极性，有效调节碳汇交易市场的供需关系。此外，企业自愿减排是大势所趋，要加强自愿碳交易市场的建设，加强对碳中和林开发、交易和后期管理的标准化、规范化建设，健全配套优惠政策，加强自愿减排宣传，激发自愿碳汇交易需求。同时，发挥森林资源富集区的优势，鼓励支持国有林区、国有林场、集体林农参与碳汇林开发和管理，将碳汇交易与生态扶贫、乡村振兴、公益活动有机结合，实现

公众愿参与、生态得保护、企业得利益的多赢局面。

(三)科技创新驱动,研发推广绿色低碳替代品

科技创新是同时实现经济社会发展和碳达峰、碳中和目标的关键。《欧洲绿色协议》中新技术、可持续的解决方案和颠覆性创新对实现新政目标至关重要,开启了以技术创新驱动绿色增长的新时期。欧盟明确提出,要在各个行业、各个市场大规模部署推广新技术研究和示范,打造全新的创新价值链,以保持欧盟在清洁技术方面的全球竞争优势。例如,鼓励发展绿色建筑业,提出加强对绿色建材、耐用建材的研发。

为了实现碳达峰、碳中和目标,我国在制定碳达峰行动方案和碳中和战略规划时,要将技术创新驱动放在高质量增长的核心位置,在世界经济的绿色低碳转型中抢占技术优势和市场。林业生物质能源和木竹结构替代是林草行业服务碳中和目标的重要领域,生物质可直接燃烧用于发电、供热,也可转化为燃料乙醇、生物质油等非化石能源,木结构建筑建造过程的二氧化碳排放量和能耗分别为钢结构的81%和66%、混凝土结构的66%和45%。因此,要加强林业生物质发电制气制氢技术、碳捕集和封存技术的研发,结合低碳城市、低碳园区、低碳社区等试点示范,提升生物质能源产业发展水平。制定木竹结构建筑的资源培育、科技支撑、品牌建设、市场推广、政策支持等战略发展规划,在有条件的地区和允许建设开发的各类自然保护地区域率先推广,由点及面,形成产业发展战略新格局。

(摘译自:*European Green Deal*,*EU Biodiversity Strategy for 2030*,*EU Forest Strategy*;编译整理:陈雅如、赵金成、李想、王芊樾、张多;审定:李冰、周戡)

国内各方行动对林草助推
碳达峰、碳中和目标实现的启示

2020年9月22日以来,习近平总书记在多个重要国际场合发表重要讲话,向国际社会郑重宣布中国将提高国家自主贡献力度,二氧化碳排放力争于2030年前达到峰值,努力争取2060年前实现碳中和,2030年森林蓄积量将比2005年增加60亿立方米。

在我国提出碳达峰、碳中和目标之后,党的十九届五中全会、2020年中央经济工作会议、政府工作报告等对这项重点工作做出战略性部署,"碳达

峰、碳中和"也已成为实现我国经济社会绿色低碳循环发展的关键推动力。

一、国家行动

党的十九届五中全会通过《中共中央关于制定国民经济和社会发展第十四个五年规划和二〇三五年远景目标的建议》提出，"十四五"期间，加快推动绿色低碳发展，减低碳排放强度，支持有条件的地方率先达到碳排放峰值，制定2030年前碳排放达峰行动方案；推进碳排放权市场化交易；加强全球气候变暖对我国承受力脆弱地区影响的观测和评估，完善自然保护地、生态保护红线监管制度，开展生态系统保护成效监测评估。

中央经济工作会议明确"做好碳达峰、碳中和工作"是2021年八大重点任务之一，明确了"抓紧制定2030年前碳排放达峰行动方案，支持有条件的地方率先达峰。要加快调整优化产业结构、能源结构，推动煤炭消费尽早达峰，大力发展新能源，加快建设全国用能权、碳排放权交易市场，完善能源消费双控制度。要继续打好污染防治攻坚战，实现减污降碳协同效应。要开展大规模国土绿化行动，提升生态系统碳汇能力"。

在政府工作报告中强调：扎实做好碳达峰、碳中和各项工作。制定2030年前碳排放达峰行动方案。优化产业结构和能源结构。推动煤炭清洁高效利用，大力发展新能源，在确保安全的前提下积极有序发展核电。扩大环境保护、节能节水等企业所得税优惠目录范围，促进新型节能环保技术、装备和产品研发应用，培育壮大节能环保产业，推动资源节约高效利用。加快建设全国用能权、碳排放权交易市场，完善能源消费双控制度。实施金融支持绿色低碳发展专项政策，设立碳减排支持工具。提升生态系统碳汇能力。

2021年2月，国务院发布了《关于加快建立健全绿色低碳循环发展经济体系的指导意见》指出，建立健全绿色低碳循环发展经济体系，促进经济社会发展全面绿色转型，是解决我国资源环境生态问题的基础之策。提出了加快农业绿色发展，发展林业循环经济，实施森林生态标志产品建设工程。改善城乡人居环境，相关空间性规划要贯彻绿色发展理念，统筹城市发展和安全，优化空间布局，合理确定开发强度，鼓励城市留白增绿。建立"美丽城市"评价体系，开展"美丽城市"建设试点。加快推进农村人居环境整治，因地制宜推进乡村绿化美化。

3月15日，习近平总书记主持召开中央财经委员会第九次会议，对实现碳达峰、碳中和的基本思路和主要举措进行了研究和部署。习近平总书记指出实现碳达峰、碳中和是一场广泛而深刻的经济社会系统性变革，要把碳达峰、碳中和纳入生态文明建设整体布局，拿出抓铁有痕的劲头，如期实现2030年前碳达峰、2060年前碳中和的目标。会议指出，"十四五"是碳达峰的关键期、窗口期，要重点做好构建清洁低碳安全高效的能源体系、实施重点行业领域减污降碳行动、推动绿色低碳技术实现重大突破、完善绿色低碳政策和市场体系、倡导绿色低碳生活、提升生态碳汇能力、加强应对气候变化国际合作等七项工作。他强调，提升生态碳汇能力，强化国土空间规划和用途管控，有效发挥森林、草原、湿地、海洋、土壤、冻土的固碳作用，提升生态系统碳汇增量。

二、部门行动

生态环境部作为应对气候变化工作的牵头部门迅速表态，将以更大的决心和力度，联合各部门、各省市共同深入做好习近平总书记气候变化有关重大宣示的贯彻落实。2021年1月11日，生态环境部印发《关于统筹和加强应对气候变化与生态环境保护相关工作的指导意见》，提出以二氧化碳排放达峰目标与碳中和愿景为牵引，以协同增效为着力点，坚持系统观念，全面加强应对气候变化与生态环境保护相关工作统筹融合，增强应对气候变化整体合力。此外，生态环境部提出将实施二氧化碳排放强度和总量"双控"，确定和分解碳达峰、碳中和目标，将碳达峰行动有关工作纳入中央生态环保督查，并对各地方进展情况开展考核评估，将碳强度下降作为约束性指标纳入国民经济和社会发展规划。此外，生态环境部加快推动全国碳市场建设，相关配额管理、登记结算、核查指南、《管理办法》等多个文件密集征求意见之后，生态环境部以部门规章形式出台了《碳排放权交易管理办法（试行）》，印发了规范性文件《2019—2020年全国碳排放权交易配额总量设定与分配实施方案（发电行业）》，公布了包括2225家发电企业和自备电厂在内的重点排放单位名单，正式启动全国碳市场第一个履约周期。

国家发展改革委在2021年1月首场新闻发布会上提出从六方面发力确保碳中和目标实现：一是大力调整能源结构，二是加快推动产业结构转型，三是着力提升能源利用效率，四是加速低碳技术研发推广，五是健全低碳发展体制机制，六是努力增加生态碳汇。

国家能源局将着眼保障能源安全和应对气候变化两大目标任务，锚定2030年非化石能源消费比重25%和风电光伏装机12亿千瓦以上的目标，从加快清洁能源开发利用、着力升级能源消费方式、出台推动能源领域碳达峰相关政策、指导地方开展碳减排工作等四个方面，加快推动碳达峰、碳中和工作。在推动农村能源发展方面，将倾斜支持脱贫地区能源基础设施建设，加快农村能源清洁低碳发展，构建现代农村能源体系。

科技部组建了"碳达峰与碳中和科技工作领导小组"并召开了第一次会议，统筹部署、推进碳中和技术研发攻关、推广示范、基地建设、人才培养和国际合作，并提出要抓紧研究形成《碳达峰碳中和科技创新行动方案》，加快推进《碳中和技术发展路线图》编制以及推动设立"碳中和关键技术研究与示范"重点专项。

国资委召开中央企业负责人会议指出：要主动服务和支撑国家重大战略，积极服务区域协调发展，服从国家宏观调控安排，维护市场秩序，带头履行社会责任，促进生产方式绿色转型，积极参与碳达峰、碳中和行动，发挥带头示范作用。

中国人民银行货币政策委员会在2020年第四季度例会首次提及"促进实现碳达峰、碳中和为目标完善绿色金融体系"，做好政策设计和规划，引导金融资源向绿色发展领域倾斜，逐步健全绿色金融标准体系。

工信部召开全国工业和信息化工作会，会议明确围绕碳达峰、碳中和目标节点，实施工业低碳行动和绿色制造工程，坚决压缩粗钢产量，确保粗钢产量同比下降。加快发展先进制造业，提高新能源汽车产业集中度。

三、地方行动

全国各省（自治区、直辖市）积极响应，纷纷提出制定碳排放达峰行动方案。据不完全统计，在省级两会中，北京、上海、广东、江苏、浙江等20个省（直辖市）明确提出研究、编制本省份的碳达峰行动方案。有条件率先达峰的地方也提出了提前达峰的雄心和低碳绿色发展策略，据不完全统计，上海、广东、浙江、江苏、海南、青海、天津、福建8省（直辖市）提出要率先实现碳达峰，或推动部分城市、部分行业率先实现碳达峰。

上海市提出2025年碳排放总量力争达峰。广东省提出"制定实施碳排放达峰行动方案，推动碳排放率先达峰"。江苏省提出推进产业结构和能源结构调整，实现减污降碳协同效应，努力在全国达峰之前率先达峰。浙江省提出推进生态文明先行示范，提前实现碳达峰。福建省提出支持厦门、南平等地率先达峰，推进低碳城市、低碳园区、低碳社区试点。海南省提出实行减排降碳协同机制，实施碳捕集应用重点工程，提前实现碳达峰。青海省提出筑牢国家生态安全屏障，率先实现碳排放达峰。天津市提出推动钢铁等重点行业率先达峰和煤炭消费尽早达峰。

四、企业行动

央企带头示范，各行企布局碳达峰、碳中和行动方案，尤其是石化、化工、建材、钢铁、造纸、电力等高碳行业，各经济领域的绿色低碳转型按下加速键。例如，17家石油和化工企业、化工园区以及中国石油和化学工业联合会联合签署并共同发布《中国石油和化学工业碳达峰与碳中和宣言》，开启了新时代中国石油和化工行业践行绿色发展理念、建设生态文明和美丽地球的新征程。中国华能集团明确要抓紧制定公司碳排放达峰方案,在这场"能源革命"中充分发挥主力军作用,确保到2025年公司低碳清洁能源装机占比超过50%。中国建筑材料联合会发布建筑材料行业碳达峰、碳中和行动倡议,我国建筑材料行业在2025年前全面实现碳达峰,水泥等行业在2023年前率先实现碳达峰。比亚迪宣布启动企业碳中和规划研究,探索新能源汽车行业碳足迹标准,引领中国汽车行业迈入绿色发展新阶段。

国家电网率先发布了18条碳达峰、碳中和行动方案,是首个发布具体行动方案的央企,行动方案不仅明确了建设多元化清洁能源体系,加强电能替代、碳减排方法研究,通过市场手段统筹能源电力发展和节能减碳目标实现,支持碳资产管理、碳交易、绿证交易等新业务,还提出坚持绿水青山就是金山银山理念,积极响应开展国土绿化行动,不断增加森林面积和蓄积量,加快山水林田湖草系统治理,增强自然生态系统固碳能力。

五、全国两会提案与关注点

两会期间,多位全国人大代表、政协委员就如何实现碳达峰、碳中和目标,纷纷建言献策,提案涉及产业结构优化、能源结构转型、碳排放权交易市场建立、绿色金融体系构建等多个领域。例如:

全国人大代表、远景科技集团CEO张雷在提案中建议:加快推进工业使用能源的零碳转化,《能源法》要为"能源革命"设定时间表和路线图,通过立法制定碳中和时间表。

全国政协委员、中国石化副总经理李永林建议,加快全国碳市场制度体系建设,科学制定碳配额分配机制,健全完善碳市场管理层级,有效促进碳减排。

全国政协委员、中国人民银行上海总部副主任兼上海分行行长金鹏辉在提案中建议:尽快明确碳市场金融属性,完善相应法律制度和机制,推动全国统一碳市场建设。

全国政协常委、民进中央副主席、上海交通大学副校长、中国工程院院士黄震在提案中建议:大力培养"碳达峰、碳中和"专门人才,增设碳管理、碳金融学科,设立碳管理、碳金融人才培养基地,推动多学科融合协同创新,培养复合型人才。

全国政协委员、农工民主党青海省委主委张周平建议:支持青海率先谋划建设碳中和先行示范省,通过以三江源国家公园为载体支持青海发展碳汇经济,支持青海攻关清洁能源储能难题,助力碳达峰目标。

六、各方行动对林草服务碳达峰、碳中和的几点启示

(一)主动作为，推进林草应对气候变化战略行动

实现碳达峰、碳中和是一场广泛而深刻的经济社会系统性变革，党中央已经把碳达峰、碳中和纳入生态文明建设整体布局。一直以来，林草行业在国家应对气候变化工作中发挥着重要作用，在我国提出碳达峰、碳中和目标后，林草应对气候变化的地位和作用被提升到一个新的高度，森林、草原、湿地生态系统的碳汇功能将在实现碳中和目标过程中扮演越来越重要的角色。

"十四五"是碳达峰的关键期、窗口期，林草部门要主动服务和支撑国家重大战略，充分发挥生态碳汇的独特优势。首先，认真践行习近平生态文明思想和新发展理念，把山水林田湖草沙系统治理作为关键举措，统筹协调开展大规模国土绿化行动，加快实施国家生态安全屏障保护修复、天然林资源保护、退牧还草、退化草原人工修复、湿地保护与恢复等重点工程，系统提升森林、草地、湿地生态系统的碳汇能力。

一是实施生态系统增汇减排战略，深入实施全国重要生态系统保护修复重大工程规划，推进编制兼顾碳汇目标的生态系统保护修复方案，切实加强林草生态系统防火工作，严厉打击毁林毁草、乱砍滥伐行动，坚决遏制生态系统损毁和退化导致的碳排放。完善森林、草原、湿地碳汇计量方法学、融入碳交易市场平台等基础工作。二是实施林业生物质能源替代战略，制定林业生物质能源发展规划，大力发展木本能源，启动生物质能源加工项目，充分利用抚育经营剩余物增加生物能源供给。完善林业生物质能源产业链，加强生物质发电等技术攻关。开发生物质能源温室气体减排方法学，加强知识产权保护。三是实施木竹产品替代战略，大力发展木竹材精深加工，改善木竹产品质量。建立绿色产品标识和市场准入制度，积极拓展木材在建筑、装饰、管道等方面的应用，开发木竹材制品使用温室气体减排方法学。

(二)协同增效，建立生态产品价值实现机制

与能源、工业、钢铁等领域的碳减排与碳中和路径不同，生态系统碳汇具有多种功能，能够发挥多重效益，既有明显的碳汇效益，还有保护生物多样性、增加农民生计和生态扶贫的综合效益。因此，要牢固树立绿水青山就是金山银山理念，进一步建立和完善我国生态产品价值实现机制，调动全社会力量造林种草、增加生态碳汇、提供就业机会、巩固生态扶贫成果，促进乡村振兴。

一是加强战略对接，助推高碳行业实现碳中和。各部门、地方、企业纷纷出台碳达峰行动方案，探索碳中和实现路径，在森林等生态系统碳汇量、

生物质能源、绿色建材等方面有不同诉求，各级林草部门应与电力、石油等能源产业和钢铁、建材等高碳排放产业加强战略合作，形成开展国土绿化行动、增强自然生态系统固碳能力的合力。二是鼓励私营部门加大参与力度。以强制市场和自愿市场并行为原则，将林草碳汇优先纳入全国碳排放权交易市场，同时支持发展林草碳汇自愿抵消市场，引导排放企业和碳汇供给方开展碳汇交易，通过自愿碳中和、碳普惠等形式支持林草应对气候变化工作。三是探索构建市场化、多元化的生态碳汇补偿机制。我国14个连片贫困区大多与生态脆弱区、重点生态功能区等在地理空间上高度重叠，坚持把生态碳汇补偿与巩固扶贫成果紧密结合，完善中央财政造林、森林抚育、生态保护和修复等林业补贴政策，加大贫困地区生态建设和修复力度，引导企业和公众优先购买贫困地区产生的林草碳汇，探索生态脱贫的新路子。四是倡导绿色低碳生产生活方式。逐步建立起公众"碳积分账户"和中小型企业"碳资产账户"、"碳信用账户"，依托"互联网+全民义务植树"机制，鼓励公众通过不同形式植树尽责，结合低碳出行、"蚂蚁森林"等公益活动，引导全社会将增加"绿值""碳积分"成为新风尚。

（三）因地制宜，支持有条件地方先行示范

实现碳达峰、碳中和是一项复杂的系统工程，要处理好发展和减排、整体和局部、短期和中期长期的关系。我国区域发展差距大，按照因地制宜、发挥优势的原则，支持有条件的地方率先碳达峰，推进低碳城市、低碳园区、低碳社区试点。

青海是国家重要生态安全屏障，也是全球气候变化的重要调节器和敏感区，又是国家清洁能源示范省、以国家公园为主体的自然保护地体系示范省，率先在全国实现碳达峰具有明显的优势：一是碳排放总量低，仅占全国碳排放总量的0.5%，位居全国倒数第三；二是能源结构低碳化，新能源装机占比达87%以上，清洁能源发电量占比88.2%；三是绿色低碳发展、碳中和格局基本形成，具有西宁低碳城市、格尔木工业园区和西宁经济技术开发区两个低碳循环工业园区，以及三江源、祁连山、青海湖、昆仑山国家公园为主体的自然保护地生态碳汇体系。因此，利用青海重要国家生态屏障的区位优势和打造青藏高原生态文明高地的时代要求，支持青海开展碳达峰、碳中和先行示范省建设，以生态碳汇量为支撑，运用市场机制建立完善长江流域上下游多元化的生态补偿机制，促进碳中和目标实现。

福建位于我国重要生态系统保护和修复重大工程"三区四带"总体布局中"南方丘陵山地地带"的核心位置，森林覆盖率66.8%，连续40多年居全国第一。福建省在国家生态文明试验区建设中取得了良好成绩，39项改革经验推广全国，数量居全国首位，开展了武夷山国家公园体制试点、"三明林票"

"南平生态银行"等改革试点。因此，依托福建林业综合改革试点，支持福建开展碳达峰、碳中和先行示范省建设。一是继续深化集体林权制度改革。支持采取植树造林、森林经营和灾害防治、减少采伐等固碳和减排措施，着力提升生态碳汇能力。二是大力发展碳汇经济。创新碳交易市场机制，优先将福建省林业碳汇等自愿减排项目纳入全国碳市场，发展绿色信贷、绿色债券、绿色保险、绿色投资，使生态产品价值转化为市场经济价值。三是鼓励大中型企业、大型活动主动实现碳中和。通过造林、森林经营、竹林营造等多种方式开发林业碳汇项目，鼓励省内林业碳汇交易抵消碳排放，为碳中和有效途径先行示范。

（整理供稿：陈雅如、赵金成、李想、王芊樾、张多；审定：李冰、周戡）

国际碳定价机制发展对中国林草业服务"双碳"目标的启示

近来，中共中央 国务院连续发布了《关于完整准确全面贯彻新发展理念做好碳达峰碳中和工作的意见》（以下简称《意见》）、《2030年前碳达峰行动方案》（以下简称《行动方案》）等文件，系列文件的出台为我国安全降碳提供了破解思路。碳达峰、碳中和是深入贯彻习近平生态文明思想、立足新发展阶段的重要手段，正如《意见》所指，"双轮驱动、两手发力"，因此，需充分发挥市场机制作用，利用碳市场有力有序有效推动此项工作。

目前，我国已成为配额成交量规模全球第二的碳配额交易市场。在碳配额交易市场中，碳定价机制是促使市场供需平衡的重要政策工具及手段，成本效率更高，且波及行业和地区之广直接影响碳市场交易的发展。为此，碳定价机制的概念、理论和演化关系到我国碳达峰目标的制度安排。因而，亟须高度关注碳定价机制，为推动我国碳市场发展形成良好的决策参考。

一、碳定价机制的概念

碳定价（carbon pricing）源于短语 Put a price on carbon，即将碳排放的外部成本内化为碳价。简言之，就是对温室气体（GHG）排放以每吨二氧化碳为单位给予明确定价的机制，主要包括碳税、碳市场交易体系（ETS）、碳信用机制和基于结果的气候金融（RBCF）、内部碳定价五种形式。

其中，碳税是明确规定碳价格的各类税收形式；碳排放权交易市场可视为一种减排政策工具，为排放者设定限额，允许其通过交易排放配额的方式履约，主要有总量控制型交易、基线和信用型交易两种设计；碳信用机制设计更利于自愿进行减排的企业，亦可用于抵扣碳税或 ETS 交易；基于结果的气候金融则是投资方在受资方完成项目开展前约定的气候目标时进行付款。

二、全球碳定价机制发展状况及变化趋势

目前，全球已有 61 项碳定价机制正在实施或计划实施当中，覆盖 50 多个国家和地区，包括 31 个碳排放权交易体系和 30 项碳税系统。如欧盟《绿色新政》之后，正在积极推出补充性碳定价机制，以实现区域性气候目标。

《京都议定书》最早创建了国际碳市场，影响和发展了欧盟碳排放交易机制（EU-ETS）、美国"地区间温室气体动议"（RGGI）等区域和国家碳排放交易市场。但当《巴黎协定》出台了"国家自主贡献"取代"强制+自愿"履约模式之后，碳定价机制发生了系列变化。总体而言，《巴黎协定》基于有效减缓要求，在缔约方自主参与的诉求下，采取了部门型基线与信用机制，并"自下而上"达成有法律约束力的新型减排模式。

（一）总体变化与发展

1. "京都三机制"①略显颓势

整个京都时代，碳定价机制（碳税和碳交易）覆盖全球碳排放量增长了三倍，碳市场发展迅速，其中，CDM 可视为较为成功的机制，但伴随《京都议定书》第一承诺期的截止，市场价格暴跌后，交易趋于稳定。《京都议定书》以量化减排义务强化发达国家减排行动力，但美国进退反复的失败教训似乎表明"普遍参与"和"有效约束"不可兼得。国家自主贡献迫使"管制型"京都机制向"自主参与"的"新市场机制"转变。同时，京都机制衍生的区域和国家碳市场已初显"碎片化"趋势，凝聚国际碳市场的统一规则，实则更难。

2.《巴黎协定》第六条执行机制引发种种争议②。

《巴黎协定》中关于碳交易市场的矛盾重点分别是 6.2 条和 6.4 条，其中，

---

① 《京都议定书》下的国际温室气体交易体系由三项机制构成，分别是国际排放交易机制（international emission trading, IET）、联合履约机制（joint implementation, JI）和清洁发展机制（clean developmet mechanism, CDM）。

② 《巴黎协定》第 6 条明确各缔约方可以采取减排成果国际转让（ITMOs）在内的合作方法达成国家自主贡献目标。其中，第 6.2 条，具体说明了司法辖区间进行减排成果国际转让的途径。ITMOs 为各方达成共识，推动碳定价机制在地方、国家、区域和国际不同层面的跨境应用奠定了基础。第 6.4 条，为国家推动温室气体减排和可持续发展建立了一项机制，该机制受《巴黎协定》缔约方指定机构监督，减排量既可以被东道国缔约方用来履约，其目的是同时激励公共部门和社会部门参与减缓活动。第 6.8 条，承认了非市场导向的方法在实施国家自主贡献目标中的重要性，提高了缓解和适应力度，加强了公私部门的参与度，并且为各种工具和实体之间增强协调提供了机会。

6.4 条计划引入"可持续发展机制(sustainable development mechanism, SDM)",该机制下所有缔约国均可向他国提供资金和技术减排,产生的减排量用于本国履行本国的自主贡献目标,旨在形成全球的碳交易市场,提高交易效率。碳信用必将发挥极为重要的作用,但此机制仍有诸多问题有待解决。首先,是否允许清洁发展机制(CDM)下的项目和减排单位转结到《巴黎协定》之下?《巴黎协定》6.4 条执行指南的未商定草案提出了不同的方案,比如 CDM 下的项目可以在《巴黎协定》第 6.4 条机制下使用,但是需就转让和批准资格达成共识,且缔约方担心这种转结会阻碍实体采取进一步减排行动。其次,COP25 会议上依然未能解决的重复计算问题。虽然巴黎气候大会上各缔约方已经注意到此问题,但如何在"相应调整"的基础上,避免一个国家出售减排量给其他国家且能兼顾本国碳排放的额度,仍旧是个难题。再次,全球总体减排目标也是 6.4 中的重要构成,各方在如何实施这一目标上存在分歧,究竟是设立保守的基准线还是强制性自动取消 6.4 下的部分碳排放单位成为焦点。同时,关联到第 6 条下的碳信用交易,进而减少用于资助适应项目的管理费收益份额。

3. 多种碳定价机制开始走向市场

在《京都议定书》到《巴黎协定》的过渡年间,尤其是近五年,碳信用激增①。其中,以碳信用为核心的碳汇项目得到了长足发展,林业部门累计签发的碳信用占全球的 42%②,体现了巨大的发展潜力。同时,基于结果的气候融资(RBCF)项目也推动了《巴黎协定》。RBCF 会在一系列约定的气候成果达成后才会由融资提供者向受援国拨付,尤其在发展中国家市场创建过程中可以就碳市场和国内政策提供综合方案。其在动员《巴黎协定》所需资源、政策和行动方面发挥了关键性作用。目前,全球已经有各种 RBCF 计划超过 74 项③。

(二)主要国家和组织碳定价机制发展状况

目前,虽然碳定价机制在逐步主流化,但就覆盖范围、排放实体而言,碳税和碳排放权交易体系仍居于碳定价机制的中心地位。如欧盟已形成了覆盖范围最广的跨国碳定价体系;澳大利亚新南威尔士州定价体系是全世界最早的区域性市场定价强制减排机制,且全澳已在 2020 年宣布将酝酿新的碳定价机制;美国境内虽然碳定价机制种类繁多,但多停留在州本级运作及州际

---

① 碳信用:carbon credit,又称碳权。指在经过联合国或其认可的减排组织认证的条件下,国家或企业以增加能源使用效率,减少污染或减少开发等方式减少碳排放,因此得到可以进入碳交易市场的碳排放计量单位。
② 世界银行碳数据库查询
③ 世界银行,给予结果的气候融资实践:为低碳发展提供气候融资,2017 年 5 月 15 日。

间的合作。总体而言，大多碳定价工具以强制配额交易的市场定价机制为主，以碳税工具的政府定价机制为辅，混合定价机制为补充。

（三）我国碳定价机制发展状况

2020年下半年，我国重启统一碳排放权交易市场。该举措增强了疫情后全球碳市场的信心。当年12月25日，生态环境部正式公布《碳排放权交易管理办法（试行）》，中国统一碳市场第一个履约周期正式启动，中国碳交易从试点走向全国统一。2021年3月30日，生态环境部发布《碳排放权交易管理暂行条例（草案修改稿）》（征求意见稿），对全国统一碳市场框架进行了全面、系统的规定，但目前碳市场仍仅限于电力部门。

我国势必会形成独立的碳排放权交易体系并辅之以碳税等政策工具，当前11个试点区已在不断完善。其中，湖北省试点已经将覆盖范围扩大到供水领域，天津试点将范围扩展到建材、造纸、航空等企业，重庆的配额价格增长了10倍。

三、林草在碳定价中的地位和作用

我国是最早启动碳排放定价机制的发展中国家，并将林业碳汇交易作为碳排放交易体系的重要组成部分。如福建林业碳汇抵消机制，其采用福建林业核证减排交易（FFCER）进行碳市场交易。FFCER作为纯林业行业碳交易方式，累计签发约200万个，除环境效益外，福建林业碳汇抵消机制交易的利润直达林农。

目前，我国森林覆盖率提升至23.04%，森林蓄积量175.6亿立方米，林业碳汇潜力巨大。林业碳汇虽有了一定发展，但总体而言，林草业在我国碳定价机制中仍较为弱势。

一是没有重视与其他行业碳排放交易体系之间的连接。全国八个试点地区均已开启了各自的碳定价模式，并试图推动构建统一的全国碳市场定价机制。但林草业尚未在其中充分发挥积极主动的作用，没有利用好碳信用、清洁发展机制（CDM）项目等关键点。事实上，全国统一的碳市场或统一的碳定价机制在不同行业、不同领域、不同地域范围内均较难实现，林草业完全可以解放思想，打破统一碳定价的要求，利用CDM项目、碳信用等转向更为灵活的机制和彼此关联的交易制度。

二是未能充分利用林草价格发现机制，亟须创新碳金融衍生品。林业是中国绿色发展最具基础性的行业，是中国生态产品价值实现中最为关键的环节，更易于建立起"政府+市场"双重引导下的碳金融市场机制，利用金融衍生品价格发现功能，与现货市场形成优势互补，探索开发林草碳期货、林草碳期权等交易产品，发掘碳储值、保值和互换交易等功能。在稳定碳定价机制基础上，推出多种碳交易的林草金融产品和衍生品，实现碳定价机制的合理性。

三是未充分发掘林草在碳市场中的潜力，亟须主动融入碳定价机制设计。碳定价机制不仅影响了劳动力工资、资本回报、生态补偿，也影响了全民对碳市场的参与。林草企业众多，本可主动融入碳市场，参与流域生态补偿、创造现期和远期交易、增强自身经营能力和造血功能，但因未充分挖掘林草在碳市场的潜力，导致没有充分发挥其在经济社会发展中更大的作用。

四、林草业利用碳定价机制服务"双碳"目标

（一）加强碳定价机制中林草部门话语权

我国始终高度重视气候变化共同行动，建立全国统一碳市场，启动覆盖全国重点高碳行业的碳定价机制，并愿意加强多边合作，坚持发展绿色低碳循环经济体系。因此，亟须借助我国绿色转型发展的契机，发挥林草业在碳交易及碳定价市场的优势：一是在限制高碳行业排放外，充分发挥林草巨大作用，将碳定价机制引入林草业领域，除林业碳汇方式，争取推进林草业灵活碳定价机制，并促使林草碳定价机制与其他行业有效对接；二是以林草为产业试点，逐步形成林草业碳价格发现机制，构建市场定价与政府定价相互补充的复合型定价体系，尽量以林草项目调控其他行业的碳排放权交易体系，稳定碳定价机制；三是大力发展生物循环经济，基于科技带动林草业与其他产业融合，积极服务"双碳"目标。

（二）构建跨行业、跨区域的多边碳定价连接机制

一是建立林草业与碳排放交易体系间的关联。林草业可为高排放行业提供碳汇等促成碳排放权交易体系内碳配额的再分配。因此，可构建林草业与国内外碳交易体系的连接，形成天然的碳配额置换或调剂。并在拓展国内行业间关联后，应逐步走向国际市场，构建多边协作下的碳交易市场。二是构建碳信用连接。目前，林业部门的碳汇交易在全球居于主导地位。我国应顺势而为，抓住林草碳汇在国内碳汇市场的发展机遇，构建碳信用交易平台，推动碳信用中介市场和二级市场开发，以碳汇交易为基础拓展碳信用交易机制。三是构建不同产业间碳定价关联，合理设定参照碳定价标的。就林草行业而言，应以碳储量发掘林草业碳价格发现机制，以折算当量为研究核心，构建价格关联，打破现有碳边界，促成碳汇的跨区、跨行业流动。在林草业等试点交易基础之上，加强五种类型碳定价机制的创新试点，构建多产业关联定价管理体系。

（三）创建碳金融衍生品市场运行机制

长期以来，我国碳排放权交易体系建设和碳税市场均是以政府主导，政

策依赖性较强。林草事关生态文明发展的全局，为融入全国碳市场并与其他行业连接，不仅需要政府引导，更需与市场紧密结合。因此，一是扩大林草碳金融需求，激发广大民众的参与感，以需求推动碳金融发展。二是引导碳金融供给，尤其探索绿色信贷、创建与碳金融关联的理财产品、保险等业务以满足扩大的需求。鉴于金融机构的盈利性本质，应积极创建减碳与金融机构的关联责任机制，增强碳金融市场内在发展动力。三是推动生态银行、信托、基金等机构参与碳金融交易，提升碳交易的市场流动性和资源配置属性。

（四）发挥碳定价对土地要素市场和民生领域的重要作用

一是超越碳汇，更多利用碳税构建林地、草地等与碳储量的价格关联。碳储于土地，我国应尽早基于国土三调的最新结果，以生态系统为基础单元，展开省域内、流域间的碳储量测量。尝试以碳汇、碳税作为土地要素市场改革的杠杆，调动民众参与碳汇交易机制的热情，继续深化集体林权改革、推动草原确权承包经营，将小农户对传统土地要素的路径依赖逐渐转移为对碳定价的关注。二是积极推动碳税融入国内三次分配。碳税本身具有累退分配效应，存在扩大贫富差距的可能。因此，依据碳税特点，区分各地发展差异，制定差别碳价和碳税税率，以低税率为起点，降低生产间接税，增加生态补偿、公共转移支付并以此分配给城乡弱势群体，平衡城乡间、城市间，以及乡村内部的收入差距。三是发掘生态产品的碳定价形式。积极探索自然资源"赋权定价"，如用山权、用草权、用水权等，尝试测算生态产品的权能换算，以价格当量转换碳定价形式，形成生态产品的市场定价，惠及民生。

（五）推动碳定价机制的监管及配套机制建设

我国对碳市场的关注点目前仍集中在碳排放权交易层面，多元化、多行业的碳定价机制并未获得同等重视。而国际主流碳交易大国和地区，如加拿大、澳大利亚、欧盟等已开始尝试较为丰富的碳定价机制且不断完善碳交易监管机制。因此，我国需要一是制定灵活碳定价机制的核算办法，以确定国家碳价格水平和行业内碳定价机制。二是制定碳定价机制的登记报告制度，同时，推动碳定价信息共享，完善各类定价机制监测体系。三是完善碳定价立法工作，明确各类碳定价机制的法律属性，利用法律保证碳定价机制灵活定价的合法性，形成可监测、可调控、可追踪的价格网络管理机制。

（供稿：韩枫、唐肖彬、张鑫、王芊樾、张灵曼；审定：李冰、石敏）

德国、韩国林业应对气候变化立法经验及启示

气候变化是当今人类社会面临的共同挑战。随着全球气候变暖影响加剧，减少温室气体排放日益成为国际社会关注的焦点。应对气候变化立法也被提上了议事日程。英国、日本、德国、韩国等都针对应对气候变化进行了专门立法，有的涉及林业，如德国；有的就林业应对气候变化专门进行了立法，如韩国。林业作为减缓和适应气候变化的有效途径和重要手段，在应对气候变化中的特殊地位和关键举措以立法形式得到了确认。

一、世界各国二氧化碳排放情况

(一)世界上二氧化碳排放总量前20的国家

据联合国统计数据整理，2020年，中国二氧化碳排放量为92.58亿吨，全球排名第一；德国二氧化碳排放量为7.19亿吨，位居全球第6；韩国二氧化碳排放量为6亿吨，全球排名第7。与2010年相比，仅英国、意大利、美国、德国、法国、波兰6个国家二氧化碳排放量减少，英国减得最多，达24.74%，美国减少了11.04%，德国减少了5.27%，其余国家二氧化碳排放量增加，土耳其增加最多，达41.34%，中国增加18.2%，韩国增加8.9%。（表1和图1）。

表1　2010—2020年二氧化碳排放前20的国家　　　百万吨

序号	国家	2010年	2015年	2020年	增长(%)
1	中国	7832.7	9101.4	9257.9	18.20
2	美国	5352.1	4928.6	4761.3	-11.04
3	印度	1583.4	2026.7	2161.6	36.52
4	俄罗斯	1529.2	1534.5	1536.9	0.50
5	日本	1127.0	1155.7	1132.4	0.48
6	德国	758.8	729.7	718.8	-5.27
7	韩国	550.9	582.0	600.0	8.91
8	伊朗	498.6	553.3	567.1	13.74
9	加拿大	528.6	557.7	547.8	3.63
10	沙特阿拉伯	419.2	531.6	532.2	26.96
11	印度尼西亚	357.6	459.1	496.4	38.81

续表

序号	国家	2010年	2015年	2020年	增长(%)
12	墨西哥	440.5	442.4	446.0	1.25
13	巴西	372.0	453.6	427.6	14.95
14	南非	418.8	418.3	421.7	0.69
15	澳大利亚	383.6	373.8	384.6	0.26
16	土耳其	267.8	319.0	378.6	41.37
17	英国	476.6	394.1	358.7	-24.74
18	意大利	392.0	329.7	321.5	-17.98
19	法国	340.2	299.6	306.1	-10.02
20	波兰	307.5	282.7	305.8	-0.55

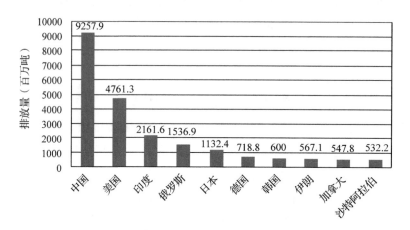

图1 2020年二氧化碳排放量排名前10的国家

(二)人均二氧化碳排放量前34的国家(地区)

据联合国统计数据整理分析,2020年,卡塔尔人均二氧化碳排放量30.4吨,居全球第一;韩国人均11.7吨,全球排名第18;德国人均8.7吨,全球排名第23;中国人均6.7吨,全球排名第34。与2010年相比,2/3的国家人均二氧化碳排放量减少,如芬兰(-33.62%)、美国(-15.61%)、澳大利亚(-10.34%)、德国(-8.42%)、加拿大(-3.23%)、俄罗斯(-0.93%)等,1/3国家人均二氧化碳排放量增加,如韩国(5.41%)、日本(1.14%)、中国(13.56%)等(表2,图2)。

表2 2010—2020年人均二氧化碳排放量前34的国家(地区)　　　　吨

排名	国家	2010年	2015年	2020年	增长(%)
1	卡塔尔	31.2	31.3	30.4	-2.56
2	库拉索(荷属)	—	29.7	23.3	

续表

排名	国家	2010年	2015年	2020年	增长(%)
3	科威特	25.7	23.3	21.6	-15.95
4	阿联酋	18.7	20.4	20.9	11.76
5	直布罗陀	15.3	17.3	20.7	35.29
6	巴林	20.6	21.9	20.0	-2.91
7	沙特阿拉伯	15.3	16.8	16.2	5.88
8	澳大利亚	17.4	15.7	15.6	-10.34
9	文莱	17.6	14.3	15.6	-11.36
10	加拿大	15.5	15.6	15.0	-3.23
11	美国	17.3	15.3	14.6	-15.61
12	卢森堡	21.0	15.5	14.5	-30.95
13	哈萨克斯坦	13.5	14.0	14.2	5.19
14	阿曼	13.9	15.2	14.1	1.44
15	特立尼达和多巴哥	16.5	15.6	13.2	-20.00
16	爱沙尼亚	13.9	11.5	12.1	-12.95
17	土库曼斯坦	11.2	12.4	12.0	7.14
18	韩国	11.1	11.4	11.7	5.41
19	俄罗斯	10.7	10.6	10.6	-0.93
20	捷克	10.7	9.4	9.6	-10.28
21	荷兰	10.3	9.3	9.1	-11.65
22	日本	8.8	9.1	8.9	1.14
23	德国	9.5	8.9	8.7	-8.42
24	新加坡	8.4	8.2	8.4	0.00
25	波兰	8.0	7.4	8.0	0.00
26	比利时	9.5	8.3	8.0	-15.79
27	芬兰	11.6	7.7	7.7	-33.62
28	南非	8.1	7.6	7.4	-8.64
29	奥地利	8.2	7.2	7.4	-9.76
30	爱尔兰	8.7	7.5	7.4	-14.94
31	塞浦路斯	8.9	7.0	7.4	-16.85
32	以色列	9	7.6	7.3	-18.89
33	伊朗	6.7	7.0	7.0	4.48
34	中国	5.9	6.6	6.7	13.56

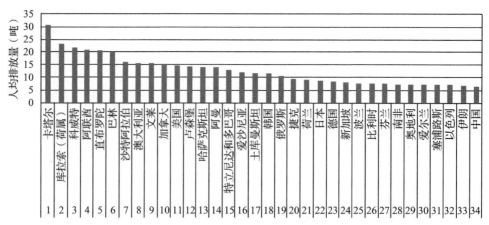

图 2　2020 年人均二氧化碳排放量前 34 的国家(地区)

二、德国林业应对气候变化的立法经验

德国是发达国家,也是温室气体排放大国。为确保实现国家气候目标和遵守欧洲目标,保护人们免受全球气候变化的影响,2019 年,德国颁布了《联邦气候变化法》,包括国家气候目标和年度排放预算、气候行动计划、气候变化专家委员会等内容。以下几个方面值得我们借鉴。

(一)通过立法提升减排目标的强制性和约束力

在《联邦气候变化法》出台前,德国政府制定了一系列的战略、规划和行动计划,但由于是政策性措施,缺乏强制约束力导致预期目标难以实现,为此,德国就应对气候变化专门立法,制定并颁布了《联邦气候变化法》。该法明确了国家气候目标,到 2030 年,温室气体排放比 1990 年减少 55%,到 2050 年实现温室气体净零排放。将目标纳入法律,以确保减排目标的实现。

(二)将林业相关内容纳入法律

第一,明确各部门允许的年度排放预算,以实现国家气候目标。通过规定能源、工业、运输、建筑、农业(包括林业)等部门的年度排放预算来确定年度减排目标。

第二,明确各部门的排放源。农业部门中排放源包括林业的燃料消耗活动;土地利用、土地利用变化和林业部门中排放源包括林地、草地、湿地和伐木产品、土地利用类别之间的变化。

第三,明确各部门 2020—2030 年允许的年排放量(表 3)。由表 3 可见,各部门允许的温室气体排放量逐年减少。

表 3　德国各部门允许的年排放量　　　　百万吨二氧化碳当量

部门	2020	2021	2022	2023	2024	2025	2026	2027	2028	2029	2030
能源	280		257								175
工业	186	182	177	172	168	163	158	154	149	145	140
建筑	118	113	108	103	99	94	89	84	80	75	70
交通	150	145	139	134	128	123	117	112	106	101	95
农业	70	68	67	66	65	64	63	61	60	59	58
废物和其他	9	9	8	8	7	7	7	6	6	5	5

（三）国家气候变化行动方案中着重强调林地、湿地、草地的作用

2016 年，德国政府通过了《气候变化行动方案（2050）》，这是德国政府第一次在全国性气候纲领性文件中为每一个领域设置具体目标和战略发展方向。行动方案着重强调了林地、湿地、草地等不同绿地类型对空气和碳净化所具有的不可替代的作用。措施包括森林保护和可持续管理、永久性草地保护和泥炭地保护以及减少土地占用。一是在森林保护和可持续管理方面，目标是增加林地数量，新造林地要选取适应气候变化的本地树种，并以近自然方式进行可持续管理。若林地被占用，要求新造林面积至少等于占用面积。二是在永久性草地保护方面，要求对环境敏感的草地不得改变用途，禁止在富含碳的草地上耕作。若要改变，需要经过官方批准，确保一个地区内草地的减少不超过 5%。三是在泥炭地保护方面，目标是保护现有泥炭地，鼓励投资水管理，实施与气候相适应的水位管理的项目和措施，建立与气候相适应的土地利用，减少使用泥炭地作为生长介质，通过提供咨询服务和信息，大幅度减少对泥炭地的使用，提出使用泥炭替代物，以保护泥炭地。

三、韩国林业应对气候变化的立法经验

韩国为应对气候变化，先后制定颁布了一系列法案，包括《低碳绿色增长框架法案》《低碳绿色增长框架法案实施条例》《维护和促进碳汇法案》《温室气体排放许可证分配和交易法》《温室气体排放许可证分配和交易实施条例》《木材可持续利用法》《木材可持续利用法实施条例》。

（一）韩国国家立法中明确了林业应对气候变化相关内容

1. 支持木材利用

《低碳绿色增长框架法案》第 24 条规定，政府应制定多种政策培育和扶持资源循环利用产业，促进资源循环利用和提高资源生产率，其中包括收集和利用木材、植物和农产品等生物质能、资源循环相关的技术开发与产业扶持等方面的政策。

2. 扩大森林碳汇

《低碳绿色增长框架法案》第 55 条规定，政府应当通过对森林的保护和建设，大幅增加碳吸收源，促进森林生物质的利用。

3. 实行应对气候变化目标管理

《低碳绿色增长框架法案》第 42 条规定，政府应当对工业、交通、运输、家庭和商业等部门分别设定温室气体减排目标、节能及用能效率目标等，并采取必要的措施以实现这些目标。第 64 条规定，对未完成目标的处以 1000 万韩元以下的罚款。

4. 保护、恢复和利用动植物栖息地

《低碳绿色增长框架法案》第 56 条规定，政府应当保护、恢复和利用动植物的栖息地等，作为旅游资源，带动区域经济发展，使所有国民都能成为生态体验和教育场所的使用者。

5. 建立温室气体综合信息管理系统

《低碳绿色增长框架法案》第 45 条规定，政府应当建立温室气体综合信息管理系统，包括开发、验证和管理国家温室气体排放和吸收等相关信息和统计数据。信息统计管理方法由总统令规定。

（二）韩国针对森林碳汇进行专门的立法

2018 年，为维护和促进森林碳吸收功能，韩国专门制定了《维护和促进碳汇法》，主要内容为：第一，制定增加碳吸收源计划，包括制定增加碳吸收源综合计划、制定和实施年度计划、设立碳汇促进委员会、汇编碳汇信息和统计资料；第二，碳吸收源的维持和增加活动，包括扩大碳汇、促进碳储存木制品和森林生物质能的利用、防止毁林和森林退化；第三，森林碳排放抵消，包括森林碳吸收量的监测和核实、森林碳吸收证明、森林碳吸收的有效期、设立森林碳汇中心、建立和运作森林碳管理登记簿、森林碳吸收量交易等；第四，基础建设，包括碳汇指标的制定和公布、森林碳排放抵消运营标准、碳汇增加和评估的研究与开发、森林碳吸收量的检测、报告和验证等。

四、德国、韩国林业应对气候变化立法对我国的启示

2020 年 9 月，习近平主席在第七十五届联合国大会发表讲话提出，中国将提高国家自主贡献力度，二氧化碳排放力争于 2030 年前达到峰值，努力争取 2060 年前实现碳中和；2020 年 12 月在气候雄心峰会上提出，到 2030 年森林蓄积量将比 2005 年增加 60 亿立方米。这一重大挑战需要法律支撑。《国家应对气候变化规划（2014—2020 年》明确提出，研究制定应对气候变化的法律、法规，以及部门规章和地方法规。《中共中央关于制定国民经济和社会发展第十四个五年规划和二〇三五年远景目标的建议》提出，要加强推动绿色低

碳发展，强化绿色发展的法律保障。林草作为国家应对气候变化战略的重要领域，林业和草原部门肩负着控制温室气体排放、减缓气候变化的关键职责，必须要抓住这一重大战略机遇，通过林草应对气候变化立法，进一步巩固和提高林草的独特作用和重要地位，用国家立法的力量推动实现碳达峰碳中和目标，为贯彻落实中国应对气候变化国家战略、赢取国家发展空间、维护国家利益作出更大贡献。

（一）将林草碳汇有关内容纳入中国的《应对气候变化法》

2009年《全国人大常委会关于积极应对气候变化的决议》提出要把加强应对气候变化的相关立法纳入立法工作议程，适时修改完善与气候变化相关的已有法律，出台配套法规，并根据实际情况制定新的法律法规，为应对气候变化提供法制保障。当前，中国基于应对气候变化战略考量，正在加快《应对气候变化法》立法进程。第一，将林草碳汇相关内容纳入我国《应对气候变化法》，明确森林、草原、湿地的碳汇作用，提升森林、草原和湿地碳汇能力的目标和措施，确定森林、草原、湿地碳汇交易条件和规则。第二，在国家立法中明确国家气候目标和年度排放预算。我国《应对气候变化法》中应确立国家气候目标，通过立法提升减排目标的强制性和约束力。将林草相关内容纳入国家法律，通过规定各部门允许年度排放预算以实现国家气候目标，排放源包括林业的燃料消耗活动，土地利用、土地利用变化和林草部门中林地、草地、湿地和木材产品、土地用途的变化。

（二）针对林草碳汇进行专门立法

从林草碳汇专门立法的重要性和紧迫性来看，第一，林草碳汇专门立法是贯彻落实党中央、国务院应对气候变化国家战略决策的实际行动。《强化应对气候变化行动——中国国家自主贡献》提出加强应对气候变化法制建设，努力增加森林、湿地、草原碳汇等行动政策和措施。森林、草地、湿地具有吸收二氧化碳的特殊功能和重要作用，已为人类社会所共知和认可，在应对气候变化中占有非常重要的战略地位。开展林草碳汇专门立法，必将对我国应对气候变化产生深远影响。第二，林草碳汇专门立法是充分发挥森林、草原和湿地生态功能，减缓气候变化的重大举措。通过加强森林、草地、湿地生态系统的保护和修复，增强生态功能，可以更好地吸收二氧化碳，且成本要比通过工业活动减排低得多。联合国政府间气候变化专门委员会（IPCC）在2007年发布的第四次全球气候变化评估报告中指出：与林业相关的措施，可在很大程度上以较低成本减少温室气体排放并增加碳汇，从而缓解气候变化。特别是在碳中和阶段，也即碳排放达峰之后，在陆地生态系统中，森林、草地、湿地还有绝对的减排空间，吸收、存储二氧化碳的作用会更加显现。通过林草碳汇专门立法，为应对气候变化，维护国家气候安全，更好发挥林草领域应有贡献。第三，林草碳汇专门立法是履行《联合国气候变化框架公约》所赋予的国际责任和义务的迫切需要。《联合国气候变化框架公约》明确要求缔约方应制定国家政策和采取相应的措施，通过限制人为的温室气体排放以及保护和增强其温室气体库和汇，减缓气候变化。我国政府高度重视并充分履行好缔约国义务，通过林草碳汇专门立法，提升增强森林、草原和湿地碳汇能力的法律约束力和强制力，维护我国的国际形象。

因此，要从国家层面制定出台《林草碳汇管理条例》。《生态文明体制改革总体方案》明确提出，要完善法律法规，要制定应对气候变化等方面的法律法规。基于林草生态系统在国家应对气候变化中的特殊功能和独特作用，借鉴韩国做法，针对林草碳汇进行专门立法，制定出台《林草碳汇管理条例》。其主要内容包括：第一，强化森林、湿地、草原在增加碳汇、碳封存、碳迁移三个方面的法律规范。第二，从应对气候变化角度出发，明确措施，提升森林、湿地、草原生态系统碳汇增量，促进林草产品的生产和利用。第三，建立林草碳汇核算统计、碳汇项目、碳汇产权、碳汇交易、碳汇监管等相关法律制度。第四，制定增加碳汇综合计划和年度计划、设立林草碳汇中心、碳吸收量的监测和核实、碳排抵消标准、碳汇增加和评估的研究等。

（三）我国应对气候变化国家方案中要明确森林、草原、湿地发展目标和措施

2021年3月15日，习近平总书记在中央财经委员会第九次会议指出，要提升生态碳汇能力，强化国土空间规划和用途管控，有效发挥森林、草原、湿地、海洋、土壤、冻土的固碳作用，提升生态系统碳汇增量。借鉴德国做法，在《中国应对气候变化国家方案》中为林草领域设置具体目标和战略发展方向。针对森林、草原，选取适应气候变化的本地树种和草种，以近自然方式进行可持续管理。建立与气候相适应的林地、草地和湿地的利用制度，新造林面积至少等于被占用面积；对环境敏感的草地不得改变用途，禁止在富含碳的草地上耕作，确保一个地区内草地的减少不超过5%；保护现有泥炭地，鼓励投资水管理，实施与气候相适应的水资源管理的项目和措施；减少使用泥炭地作为生长介质；通过提供咨询报告和信息，可以大幅度减少泥炭地的使用；使用泥炭替代物，减少泥炭地的开采。

（供稿：夏郁芳、曹露聪、王佳男、王芊樾、赵金成、李想、陈雅如；审定：李冰）

第二篇

国家公园及自然保护地

美国和澳大利亚海洋国家公园建设对我国海洋类型国家公园治理体系构建的启示

十九届五中全会指出，积极保护生态空间，筑牢生态安全屏障。建立国家公园是生态空间开发保护的重要内容，海洋类型国家公园作为我国国家公园的重要组成，是推进绿色发展，促进人与海洋和谐共生的空间载体，对于全面提升海洋生态系统稳定性和生态服务功能有重要作用。美国和澳大利亚海洋类型国家公园建设开展较早，本文总结了两国海洋类型国家公园建设在体制、法律、人才等方面的经验，以期对中国海洋类型国家公园建设提供借鉴与启示。

一、海洋类型国家公园建设的困境解析

我国海洋类型自然保护地在海洋生态环境保护、资源开发利用方面发挥了一定作用，但相较于陆域国家公园建设，我国海洋类型国家公园还处于理论探索阶段，亟待在实践中破题。

（一）法律法规有待完善

我国海洋生态保护方式主要有建立海洋保护区或海洋特别保护区两种方式。2019年两办印发的《关于建立以国家公园为主体的自然保护地体系的指导意见》中提出，对现有的各类自然保护地开展综合评价，按照保护区域的自然属性、生态价值和管理目标进行梳理调整和归类，逐步形成以国家公园为主体、自然保护区为基础、各类自然公园为补充的自然保护地分类系统。关于海洋类型国家公园，在相关法律中尚未有直接相关的条文规定，只有部门规章级别的《海洋特别保护区管理办法》中提出建立海洋公园，其法律效力远低于国家法律法规的效力，难以适应新形势下海洋类型国家公园建设的需要。

（二）管理体制改革有待深化

2018年3月，中共中央印发了《深化党和国家机构改革方案》，规定组建国家林业和草原局，加挂国家公园管理局牌子，负责管理以国家公园为主体的自然保护地体系。但机构改革并非一蹴而就，受时间、编制、权限划分等多因素限制，海洋类型自然保护地基层专门的管理部门尚未设立，管理权限分散制约着海洋类型国家公园的建设进程。

(三)遴选标准亟待出台

目前,海洋生态系统保护更多是基于人文因素而非生态考量。加快制定中国海洋类型国家公园遴选标准,尽早设立海洋类型国家公园,对于有效保护我国海洋生态系统,推进海洋生态文明建设,构筑国家海洋生态安全屏障具有重要意义。而制定海洋类型国家公园遴选标准,应该紧扣《关于建立以国家公园为主体的自然保护地体系的指导意见》,突出以保护具有国家代表性海洋生态系统的主要目的,充分体现具有全球价值、国家象征,国民认同度高的海洋生态系统保护导向。

二、美国、澳大利亚海洋类型国家公园经验借鉴

美国、澳大利亚在海洋类型国家公园建设方面有许多可资借鉴的经验,互鉴融合可为中国海洋类型国家公园建设提供一定的参考与启示。

(一)美国海洋类型国家公园

美国于1937年就建立了世界上首个海洋类型国家公园,经过80余年的发展,现已建立起一套运行完整、有效的海洋类型国家公园体制,形成了由美国国家公园管理局实行垂直统一管理的模式。坐落于佛罗里达州南部的比斯坎国家公园(Biscayne National Park)是典型的海洋类型国家公园,园内面积的95%为海域范围,自然与人文景观丰富多样,是开发最为成熟的海洋类型国家公园之一。

1. 管理体制建设

美国国家公园管理局统一管理各类国家公园发展建设工作,形成包括总体管理规划、战略规划、实施规划以及年度工作规划和相关报告在内的规划体系。不同规划层面都有相对应的规划方案作指导,非常有利于海洋类型国家公园的管理与发展。此外,美国国家公园的宏观把控和管理,与当地国家公园管理机构的差异化的细节管理相结合,最大程度保障海洋类型国家公园能够因地制宜发挥最大优势。

2. 法律政策制定

美国国家公园法律建设现在已形成包括国家公园基本法、单行法和专项立法等完备的法律制度框架。①国家公园基本法,如《1916国家公园管理局组织法》《国家公园管理法》等适用于全国国家公园体制的法律;②适用于所有管理机构的单行法,如《濒危物种法案》《国家环境政策法案》等;③针对具体国家公园的专项立法,如针对比斯坎国家公园独立立法的授权法等三方面在内的法律体系,为海洋类型国家公园管理奠定了完备的法律基础。同时,比斯坎国家公园还制定了公园管理纲要。借助完备的国家公园建设法律体系

和详细而灵活的政策安排，能够为其提供科学有效的管理，并加以指导和保障，充分发挥海洋类型国家公园在海洋生态环境保护与海洋资源合理利用方面的综合协调功能。

3. 公众参与

公众参与对国家公园的建设有着重要作用。美国国家公园在建设过程中则非常注重公众的参与程度，通过政府信息公开、公众信息反馈和互动交流三种主要途径和方式来保障公众参与的有效性和可行性，破解"孤岛式"国家公园发展弊端。比斯坎国家公园在上述方法之外还设立了诸如公园解说员、环境教育、垃圾清理和基础设施维护等多种志愿者岗位，以此吸引更多的专业人员作为志愿者参与到公园的建设发展中。基于比斯坎国家公园的公益性特征，公园每年都会同科研教育机构合作共同举办免费的海洋生态教育活动，在活动中让公众感受公园风景的同时也提高了公众的生态环保意识。尤其值得一提的是，比斯坎国家公园在处理与当地原住民之间的利益争端问题时，经过长达15年的公园规划磋商、各方召开几十次利益相关者会议、收集了上千份建议书，实现了原住民文化与国家海洋公园规划的有机融合，并最终形成了当前比斯坎国家公园管理制度的基本架构，保障了原住民的利益诉求，实现了政府、公园、公众的共赢。

4. 国家公园遴选标准

世界自然保护联盟（IUCN）以面积、自然生态系统、地形地貌、景观风貌和原始性等为关键内容提出国家公园建设的指标体系，美国国家公园管理局依据IUNC的指标体系并结合国家实际，形成了美国国家公园遴选标准。在遴选程序上，美国遴选拟进入国家公园体系的新区域必须要体现出该区域的国家重要性、适宜性与建设可行性，经过专业评估机构评估、多方商议探讨、公园方案公示等过程，最终依法建立国家公园。比斯坎国家公园在建设之初就遵循着以自然生态保护为核心的标准，保障域内海洋生态环境安全，治理海洋生态破坏问题，有效发挥国家海洋公园的生态治理功能。

（二）澳大利亚海洋类型国家公园

澳大利亚作为一个四面环海的国家，其海洋类型国家公园建设比较成熟，形成了由澳大利亚国家公园管理局与地方政府共建的管理模式。在诸多国家海洋公园中，大堡礁国家海洋公园是建设最为完善且具有代表性的海洋类型国家公园。下面，主要从公园分区利用、建设资金来源、生态环境监测等方面进行分析。

1. 分区利用制度

极具代表性的大堡礁国家海洋公园建立于1975年，同年通过《大堡礁海洋公园法》，以此作为大堡礁国家海洋公园管理的基本法律依据指导公园的发展建设。该法律在大堡礁国家海洋公园建设之初便规定在园区内实行分区利用制度,借助分区对园内不同生态系统和自然环境进行针对性保护与利用。作为海洋类型国家公园管理的重要方式,分区利用已经成为大堡礁进行生态改善和自然环境恢复的关键措施并得到了广泛认可。在园区内依据不同的开发利用强度,大堡礁海洋公园管理局(GBRMPA)将公园划分成19个区,并规定了每个区域可以开展的活动,以此来保护植物、动物及其栖息地。

详细的区域划分与可开展活动规定为大堡礁国家海洋公园的生态保护与资源利用指明了方向,确保了大堡礁国家海洋公园内独特生物物种及其栖息地的存续,同时促进公园生态经济效益的可持续增长,并为海洋科研教育、文化传播及子孙后代可持续使用提供制度保障。

2. 多方筹措资金

澳大利亚国家公园的资金来源主要包括财政拨款、基金捐赠和门票收入三部分,其中财政拨款是最主要的资金来源,但公园生态旅游获得的收入比重在逐步提高,大堡礁国家海洋公园通过开展生态旅游及其配套的公园旅游产品、纪念品等相关附加产业获得的收入逐渐可观。此外,随着大堡礁国家海洋公园综合影响力不断提升,来自各种自然保护基金、公益组织以及个人的捐赠也在逐年增加,构成了大堡礁国家海洋公园稳定的资金来源,为公园功能作用的充分发挥奠定了坚实基础。澳大利亚国家公园管理局一直实行收支两条线资金管理政策,保证了公园资金能够为生态治理和修复提供足够支持。

3. 生态环境监测报告机制

大堡礁国家海洋公园实行五年一次的大堡礁状况报告机制,对大堡礁生态系统的健康状况、潜在风险和未来发展状况进行全方位的综合评估,同时,由澳大利亚政府和昆士兰州政府牵头,会同渔业组织、农业组织等多个组织共同制定《二十五年管理计划》,对大堡礁世界遗产区域开展全面的战略评估,研究自然遗产的可持续性、海洋环境和海岸沿线的生态保护。此外,大堡礁国家海洋公园还制定了《大堡礁2050长期可持续发展计划》,为公园的长期发展提供总体战略指导,综合协调公园未来几十年的生态环境保护与自然资源利用关系,保护大堡礁国家海洋公园生态环境的可持续发展。在建立相关制度监测的同时,大堡礁国家海洋公园还推出了一款名为"Eye on the Reef"的手机软件,时刻接受社会公众的监督,提高公园生态环境监测的力度和广度。

三、对我国的启示

海洋类型国家公园建设与管理,是国家公园治理体系与治理能力现代化在海洋生态维度的重要关切与具体体现，海洋类型国家公园治理体系构建的核心要件包括五方面：管理体制、法律保障、多元资金渠道、生态环境监测-监督机制和生态环境意识等方面。综上所述，中国海洋类型国家公园治理体系应具有整体性（海洋系统与陆地系统是一个整体）、多元性（政府、企业、公众等治理主体的多元性）、联动性（海洋资源开发与生态保护之间具有联动性）、功能性（治理体系构建的目的是海洋可持续发展）等基本特征。本文在借鉴美国和澳大利亚两国海洋类型国家公园建设与管理的经验基础上，对中国海洋类型国家公园建设与管理提出如下建议。

（一）创新海洋类型国家公园法制和管理体制

加强顶层设计、源头规划，将海洋类型国家公园以立法形式确定下来，与此同时，属地政府结合地区现状创新制定相关法律规范和条例，使海洋类型国家公园管理"有法可依"。出台与之配套的技术性规范、相关标准、管理办法等，细化海洋类型国家公园的具体管理要求和内容：包括自然保护、生态修复、自然教育、游憩体验等一系列技术性规范、公园规划规范、公园生态环境监测规范、基础设施管理规范等，形成完整的海洋类型国家公园法律体系，为海洋生态安全屏障构筑提供制度保障（图1）。

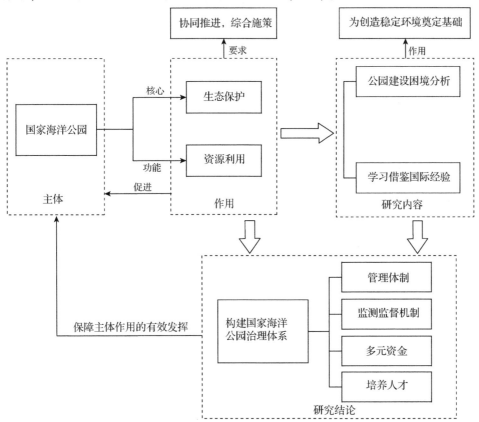

图1 国家海洋公园治理体系构建路径

借鉴参考国家推进的河长制、林长制等管理制度，推进海洋类型国家公园"园长制"建设，强化公园管理的整体性，压实主管部门在公园管理中的责任主体性，切实发挥统筹协调作用，推动开发保护与发展。同时建议海洋类型国家公园治理采取垂直管理、分权明晰、共建管理的模式，合理划分中央与地方间的职能权限，由属地国家海洋公园部门管理，统一指导与分区管理相结合的方式，提高海洋类型国家公园管理效率和针对性。海洋类型国家公园分区利用是细化公园管理工作，提高公园管理效率的有效措施。通过制定海洋类型国家公园分区规划，合理划定生态保护核心区、生态保护缓冲区、生态旅游开发区、资源有序开采区、科研教育区等不同的功能区。依据国家公园管理条例及其上位法，分区制定功能区管理办法，保障不同区域功能的有效发挥。同时，海洋类型国家公园分区并非一成不变，分区规划的制定实施要广泛征求各方意见，不断改进、完善，规划方案在制定实施后也要紧跟园区生态安全保护现状和社会经济发展趋势，坚持国家海洋公园生态保护与资源利用协调发展目标，适时做出有利调整。此外，分区利用机制的建立要求生态系统的完整性，这就要打破以往的海洋行政界线，实行以跨行政区的海洋自然生态系统边界为公园界线，保障海洋类型国家公园的生态代表性。

（二）构建海洋类型国家公园生态环境监测监督机制

建立"空—天—地"立体化多尺度生态环境监测机制。综合利用卫星、飞机、无人机等航空航天设备开展环境状况观测监督，建立融合陆基、海上与海底观测系统在内的立体化海洋生态环境监测系统。将空间遥感技术与实地调查相结合，对园区内自然生态资源开发利用情况进行追踪监测，形成对生态环境与自然资源的全要素、多方位、多尺度监测。同时，借助大数据与5G技术，加快不同海洋类型国家公园间的信息数据共享，建立中国海洋类型国家公园数据库，开展对生态环境综合数据信息的提取分析工作，提高海洋类型国家公园生态环境的智能化、信息化管理水平。

建立生态考核机制。国家公园管理局定期考核海洋类型国家公园生态保护工作，将国家公园物种多样性状况、生态系统稳定性、自然资源利用的生态经济效益等治理成效纳入考核工作清单与公园管理人员的年度绩效考核标准中，通过生态资产评价、服务价值评估、资产产权清查、保护管理成效检验和社区服务效果评估等方式建立系统化考核标准体系。另外，依据《党政领导干部生态环境损害责任追究办法(试行)》《领导干部自然资源离任审计试点办法》，加强党政领导干部防治生态破坏和环境污染的领导责任，强化海洋类型国家公园生态保护考核机制。

（三）建立多元化资金保障机制

海洋类型国家公园建设需要有足够的资金支持，在财政拨款的基础上，要高效利用海洋自然生态资源，大力发展生态旅游，拓展生态旅游产业链，开发旅游文化产品。同时，可以适当引入社会资本参与到公园建设中，广开渠道设立各种国家公园基金、自然保护基金，开展政企合作，调动社会资本积极补充到公园管理中，为国家海洋公园治理提供资金和智力支持。"实行资源有偿使用制度和生态补偿制度。坚持使用资源付费和谁污染环境、谁破坏生态谁付费原则，逐步将资源税扩展到占用各种自然生态空间"，提供海洋类型国家公园建设、修复、治理的可持续发展资金保障。

(四) 加强海洋人才队伍建设，提高生态安全意识

海洋人才队伍建设将为海洋类型国家公园治理提供强大的"软实力"支撑。加强海洋类型国家公园管理人才培养，制定公园管理人员选拔考核机制，明确应聘人员相关专业和技能要求，对已入职管理人员定期开展专业知识培训，及时更新海洋类型国家公园管理的相关知识，借助海洋类型国家公园数据库平台，定期开展经验交流会，共享海洋类型国家公园治理经验，逐步提高治理能力。

依托专业化人才队伍建设，推动园区与科研院所合作，充分发挥国家公园国家创新联盟的人才、技术的支撑作用，在开展海洋科研教育的同时借助新闻媒介的舆论宣传作用，传播海洋生态保护理念；推动园区与社会环保组织合作，通过专业人员担任志愿者导游或政策宣传等方式，向游客、当地居民及园区周围公众传递生态保护至上的宗旨，坚持生态优先、保护优先、自然恢复为主，守住自然生态安全边界，推动绿色发展，促进人海和谐共生。

(供稿：杨振姣(中国海洋大学国际事务与公共管理学院)、王芊樾、赵金成、李想、陈雅如、王伊煊；审定：李冰、周戡)

增加国家公园投入，服务国家重大战略

——基于美国国家公园财政预算变动的审视

国家公园作为人类应对气候变化的重要生态屏障，自建设之初便是生态文明的重要参与者、贡献者；而国家公园园区内外更是维护生物多样性、协调人与自然关系的重要载体。2021年是我国国家公园第一批试点收官之年，亦是我国首批国家公园正式设立的开局之年，但以国家公园为主体的自然保护地体系建设尚处初始阶段，财政支持保障既决定了未来国家公园的发展水

平,也关系到我国应对气候变化、构建人类命运共同体,服务国家战略的大局。美国较早就启动了国家公园服务气候变化的影响研究,并在社区资源保护和发展中大力支持并积极引导社会主体等多方参与。因此,对美国财政预算体系支持国家公园建设进行分析,可为我国提供良好的经验借鉴和参考。

一、美国国家公园财政预算现状

美国国家公园坚持公益属性,实行三级垂直管理,最高行政机构为内务部(Department of the Interior)下属的国家公园管理局(National Park Service, NPS),下设七个地区局,每个国家公园设公园管理局。美国国家公园体系的正常运转与其有效的资金机制密切相关,2008年财政投入28.72亿美金,2017年提升至35.51亿美元。就美国次贷危机后的财政投入而言,以基期货币折算,国家公园十年间的投入增长较为平稳。

2017—2019年特朗普政府执政期间,美国国家公园财年预算分为自由裁量支出/非专项拨款(discretionary appropriations)和义务性支出/专项拨款(mandatory appropriations)两大类,其中预算需求(budget request)分为非专项拨款和专项拨款。非专项拨款具体支出需求包括五项,分别为:NPS运营费、国家娱乐和保护项目费、历史保护资金、建设和修缮费、土地征用与州际援助费等;专项拨款包括娱乐费永久性拨款、其他固定拨款、多种信托基金、专项建设、土地征用与州援助专项、游客体验提升专项基金等。2017—2019年,国家公园财政拨款占比下降明显(83%降至75.47%)。社会捐赠资金增速超过财政资金增速是造成财政投入占比下降的主要原因,2019年社会捐赠占总投入比重11.18%。拜登政府执政后,因与特朗普政府在气候政策和自然资源管理领域政见不同,财政预算呈现较大区别。

二、美国调整政策支持国家公园财政预算

总体看来,2019财年NPS预算为32.2亿美元,2022财年拜登政府拟向国家公园管理局投入35亿美元。调整的科目中,国家公园系统运行方面的资金得到大幅提升;且自2021年起增加了《大美国户外法案》(Great American Outdoors Act, GAOA)的专项投资。该法案结合了对后代保护和娱乐休憩的财政承诺,以对重要设施(包括美国国宝)投资维护。上述调整或增加的资金主要用于加强游客出入安全,应对气候变化和公园基础设施建设;增强对社区和项目的投资,支持当地部族、推进环境正义。

(一)增加国家公园财政预算应对疫情和气候变化

一是减缓新冠疫情影响,加强国家公园基建设施,预算增加了100万美元的公共卫生服务委托资金,以扩大检测范围,确保满足公共卫生需求。拜

登政府希望尽快从疫情中恢复，扩大户外运动，并迎接气候变化带来的挑战。除基本财年的35亿元投资计划，另有11亿美元的强制性资金，可对全国各地的国家公园进行必要改善，增强游客体验感并保护自然资源。

二是为应对气候变化，改善全国受矿产开采影响的土地、水域和生态系统，新增1000万美元的项目投入。同时，增加了1400万美元用于支持气候脆弱性评估和环境规划。预算还包括了增加强制性资金，以支持高度优先的土地收购工作。

三是促进关联社区经济发展，创造就业机会。本财年拟投入4500万美元用于实施新项目。《大美国户外法案》的国家公园和公共土地遗产恢复基金拟投资36个项目，总计超过10亿美元，主要解决国家公园的延期维护。这笔资金将改善14个州的29个公园的道路、建筑、社会公用事业系统等。

（二）拜登政府预算变化动因及具体措施

与特朗普政府试图以页岩气为契机重振石化能源经济不同，拜登政府再次将清洁能源革命作为应对气候危机的重要支撑。一方面，推动美国能源结构改革和产业低碳化；另一方面，希望将应对气候变化贯穿于国际贸易、就业、应对疫情和外交政策等诸多领域，以推动全球碳减排，重塑美国领导地位。拜登政府希望以气候变化问题引领国际格局，这一思路直接影响了内阁的预算计划，开始更多转向加强未来科技及应对气候变化研发投入。同时，作为民主党领袖，拜登更注重中低收入群体，这些政策倾向都在政府预算中有所体现。同样，上述思想也影响了国家公园预算结构的转变，具体动因如下：

一是重视地区公共设施建设及自然资源环境间接投资。共和党所公布的基建计划主要集中于传统基建，这一点与拜登的预算分歧较大。2022财年，拜登政府预算虽然包括基建，但涉及面较广，更多覆盖了资源环境利用优化支出、应对气候自然灾害基础设施建设、高端基础设施建设、边远落后地区基础设施等。二是注重研发未来技术的政府投入。拜登政府所公布的研发投入共计1800亿美元且历时10年，但在2022年，仅投资56亿，后续将会逐渐攀升。其中，侧重科研气候优先选项的示范项目，以加强美国在这些领域全球市场的技术领先地位。三是强调就业、偏向支持中低收入者。拜登政府计划10年间投资4000亿美元，以提高家庭护理工人工资、提高国家医疗护理设施。同时在后续政策中，拟为中低收入家庭提供教育机会。

在具体实施中，首先，拜登政府采取"全政府"合理应对。即努力将气候变化问题贯穿到联邦政府各个部门，涉及财政部、国防部、律政司、内政部、农业部、商务部等20多个部门。其次，强调"环境正义"。虽然目前对"环境正义"的诉求路径并不明朗，但其"所谓多边主义"的政治"雄心"依然强调了美国单边引领并主导全球气候变化领域的意志。再次，重返《巴黎协定》，并增强全球应对气候变化的资金规模。2022 财年，拜登政府计划向"绿色气候基金"提供 12 亿美元的援助，并更加重视国际气候融资规模。

三、对我国的若干启示

目前，我国国家公园的中央财政投入主要有"中央预算资金"、"转移支付资金"、"中央财政其他资金"三大途径。重点用于中央预算内林草投资、国家发展改革委旅游提升工程、天然林资源保护和重点防护林工程、生态保护支撑体系建设等领域。2021 年，我国国家公园建设的预算较以往有所提升，但与美国国家公园较为稳定且成熟的财政投入体系相比，我国国家公园投入体系尚不完善，距离建设有中国特色国家公园的要求，仍有较大差距。

国家公园的经济属性，决定了加大其基础设施建设是我国疫后恢复经济的优先选项；国家公园的社会属性，决定了加快其社区发展，不仅是建设中国特色国家公园，也是实现共同富裕的本质要求；国家公园的自然属性，决定了其作为我国应对气候变化主阵地，提升生态碳汇能力，助力国家双碳战略的必然选择。基于我国国家公园建设发展现状及其上述特点，结合美国经验，为深入落实十九届六中全会提出的，创新成为第一动力、协调成为内生特点、绿色成为普遍形态、开放成为必由之路、共享成为根本目的的高质量发展，亟须高质量建设国家公园，扎实推动共同富裕；亟须巩固提升国家公园生态系统碳汇能力，打造应对气候变化的主阵地；亟须深入落实中央"关于鼓励和支持社会资本参与生态保护修复的意见"，加快建立国家公园多元化资金保障机制，推动中国特色国家公园高标准建设。这不仅是生态文明建设的需要，也是应对气候变化的需要。

1. 增加国家公园财政投入，高质量建设国家公园

习近平总书记 2021 年 6 月考察青海时指出，"要继续推进国家公园建设，理顺管理体制，强化政策支持"，"要紧紧依靠人民，不断造福人民，扎实推动共同富裕"。国家公园的建设就是要实现生态保护和民生保障的协调，要树立"大局观、长远观、整体观"的主线意识。首先，加强国家公园基础设施建设，注重传统基建与"新基建"两类投入。以传统基建优化园区内外建设，带动城市居民"上山下乡"，重塑生态体验新概念；以"新基建"助力国家公园生态产品"进城入户"，通过生态溢价促进生态产品价值实现，借助 5G 网络、数字信息技术推动国家公园智慧经济发展。其次，结合以国家公园为主体的自然保护地体系建设，加大转移支付力度，带动园区内外居民就业。对因国家公园建设受到影响的社区民众，如生态移民搬迁或改变原有生计方式的社区居民，一方面应给予合理适当的实际意义上的"货币补偿"，另一方面可以通过提供更多生态公益性岗位、社会服务岗位，拓宽就业渠道，给予"就业补偿"。再次，以共同富裕为蓝本，推动社区居民增收。加大园区内外社区居民普惠性政策，如加大税收、社保等调节力度，在就医入学等民生保障方面提供便利。积极融入三次分配，凸显国家公园利益分配机制公平正义。同时，深层次挖掘国家公园文化，发展生态旅游业为主体的传统文化及人地和谐的生态产业模式，将社区建设与国家公园整体发展融为一体，切实将国家财政投入落到实处、用在刃上。

2. 提升生态系统碳汇能力，服务国家应对气候变化战略

首先，将应对气候变化融入国家公园顶层设计，统筹中央层面资金，开展国家公园生态空间脆弱性评估、生物多样性风险预警监测、建立国家公园完整的生态碳汇资料库和数据存储系统。其次，加强气候变化成因及影响、生态系统碳汇等基础理论、方法及适用性研究，提高生态系统碳汇增量；完善国家公园防灾减灾预警系统建设，加强自然资源应急管理；系统展开园区内外生态系统的一体化保护和修复，推动绿色低碳生态产品走出去，提高国家应对气候变化能力。再次，积极开发绿色金融和气候金融产品，吸引银行等金融机构为国家公园气候项目融资，带动碳交易市场、碳信用、激发市场主体绿色低碳投资活力，服务"双碳"战略。

3. 鼓励和支持社会资本参与国家公园建设，建立国家公园多元化资金筹措机制

首先，立足以国家公园为主体的自然保护地体系的公益属性，丰富完善财政政策工具、设立生态产品货币政策工具，如推行国家公园绿色债券、绿色信贷等，带动市场化融资。其次，创新财政资金管理机制，以财政资金撬动社会资本，调动各级政府、企业、社会组织和社会公众参与国家公园建设的积极性。在原有财政支撑不松懈的前提下，尝试构建国家公园保护基金、国家公园绿色基金等展开相关项目管理。再次，深度挖掘国家公园生态产品价值实现机制、创新绿色金融衍生品。鼓励和支持社会资本参与生态保护修复项目的全过程；鼓励并引导特许经营权进入国家公园，服务生态产品开发、科技创新、技术支持等活动，实现以资引资、用资生绿，为国家公园的健康发展提供续航动力。

（供稿：韩枫、张鑫、唐肖彬、王芊樾、李想；审定：李冰、石敏）

国家公园矿权如何退出？

2021年10月12日，习近平总书记在昆明举行的《生物多样性公约》第十五次缔约方大会领导人峰会上宣布，中国正式设立三江源、大熊猫、东北虎豹、海南热带雨林、武夷山等第一批国家公园。这是我国生态文明制度改革和美丽中国建设的重大实践成果，标志着以国家公园为主体的自然保护地体系建设进入新阶段，受到了国内外高度赞誉。与此同时，新设立的国家公园也存在一些历史遗留问题有待解决，例如第一批5个国家公园内仍有近360宗矿权未完全退出。本文重点介绍国外国家公园矿权退出经验，以期为我国加快推进解决此类问题提供借鉴参考。

一、主要做法

（一）美国

美国国家公园体系内至少22个保护区有丰富的矿产资源，15个保护区里仍有约1100多个矿权，12个保护区有油气开发，53个保护区与油气用地毗邻。此外，还有近3.7万块废弃矿山，主要包括旧的矿井和油井、建筑物、地基、设备和工具等，废弃矿山主要分布在加利福尼亚州，约占75%。

美国建立了分级分类管理制度。主要分为联邦矿产租赁（federal mineral leases）和非联邦矿权（nonfederally owned minerals）两级，矿权和油气权两类。除国会明确授权的三个国家休闲游憩区（米德湖、威士忌城和格伦峡谷）外，所有国家公园都不再接受新的联邦矿产租赁申请。对于历史遗留问题，如一些矿产租约在国家公园建立或扩建之前就已存在，根据联邦矿产租赁的管理法规，这些租约仍有效并可被保留执行，直至到期后自动退出。总体来看，矿权的退出主要有四种类型。

（1）强制备案退出 1976—1977年，管理局启动国家公园矿业权备案制度，备案信息包括开采量、剩余年限等详细报告。通过备案，对矿权合法性进行统一的合法性审查，对不满足义务的矿权先行清理，对未在规定时间内进行备案的矿权视为自动放弃，推动大量"僵尸"矿权自动退出。截至1977年底，国家公园内矿权由之前的数万个，骤减为3000多个，实际运行的只有几百个。

（2）提高要求退出 美国国会通过《国家公园矿产法案》，提高矿产开发的生态保护要求，进而抬高了勘查开发活动的成本，倒逼矿权因无法满足严格的生态标准以及经济入不敷出而退出。例如，完全禁止露天开采，全部改为地下开采，提高矿山复垦标准等。美国联邦法规汇编规定，国家公园的年矿产量和日矿产量不得超过1973年、1974年、1975年三年的年均产量和日均产量，经营方须将此明确写入作业计划，并附上述三年的生产记录副本以备查验。所有矿产开发权和资源使用权的边界被严格限定，即仅允许在上述权限内活动，不允许为获取和运输资源开展额外活动（例如修路、调配运输车等，译者注）。若有违反，则管理局有权依法冻结相关采矿活动，限期退出。

（3）行政退出　管理局充分利用行政裁量权，虽无权收回合法矿权，但有暂停两年矿业活动的权力，理由是需要时间去评估矿业活动对生态环境的影响。内政部还有权对特定地区禁止矿业活动20年。这些做法也使很多公司知难而退。

（4）置换退出　对于有些矿业项目，政府采取用国家公园外的矿权置换国家公园内矿权的方式，推动退出。置换退出成效明显，但也造成了大量矿权在国家公园周边5公里的范围内聚集。为此，管理局全面加强了国家公园内水质、土壤、林木等的健康监测，同时与地方政府共同在部分国家公园周边建立撤出区，20年内不再授权新的矿业权。

矿权退出后的废弃地修复工作也十分必要。美国国家公园管理局在2010—2013年间对采矿废弃地进行了全面盘点和评估，在3.7万块采矿废弃地中，仅有5600块得到不同程度的修复，修复率不足15%。管理局主要采取了两项措施解决此类问题，一是每年招募志愿者协助封存废弃矿山和水井、关闭矿山、恢复矿山植被。此外，还与其他联邦机构、州立机构和大学签署合作协议，研究废弃地的环境损害。二是利用废弃矿山开展自然教育，宣传采矿遗迹景观，让更多人认识到采矿和废弃矿产通常是公园景观的一部分。

专栏-1　　美国黄石国家公园矿权置换退出案例①

1990年代初，在黄石国家公园内，Crown Butte 公司获得了私有土地上的金矿开采权。采矿范围在私有土地上，但85%的配套工程建在林务局管理的联邦土地上。该公司向州政府和联邦政府申请了采矿许可，但大量反对者认为：矿山开发会影响这个区域的资源环境和野生动物，可能对黄石国家公园造成关联影响。1995年，联合国世界遗产保护委员会以此为

---

① 苏杨. 国家公园的天是法治的天，国家公园的矿要永久地"旷"——解读《国家公园总体方案》之二[J]. 中国发展观察，2017(21)：45-49.

> 主要理由，把黄石国家公园列入"濒危目录"。内政部随后宣布收回该矿周边77平方公里联邦土地的管理权，2年内暂停接受新的矿业权申请，参众两院要求永久收回周边联邦土地的管理权，美国矿业协会则坚决反对。这些诉求给负责审批采矿许可证的州政府带来很大压力，发布环评报告和许可审批结果的时间一再延期。该公司看到社会反对力量日渐增强，许可证批复时间一拖再拖，只得和政府坐到谈判桌上。双方最终在提出申请5年多后签署了退出协议。
>
> 协议的主要内容：
>
> 一是企业放弃项目实施，撤回申请；
>
> 二是政府置换一块价值6500万美元的联邦土地给公司作为补偿；
>
> 三是企业把申请范围内私人土地买断，交给联邦政府，作为联邦土地；
>
> 四是企业设立托管账户，注资2200万美元，负责治理恢复前人采矿造成的破坏和污染。
>
> 协议签署时，时任美国总统克林顿出席并发表讲话，赞扬这是美国成功应对资源开发和环境保护的博弈，实现双赢的伟大时刻，为解决类似矛盾树立了样板。

（二）澳大利亚

作为传统的矿业强国，澳大利亚一直努力统筹考虑矿产开发的经济社会影响和生态环境影响，寻找两者的平衡。与美国不同，澳洲没有完全禁止矿权，而是坚持"一矿一策"，目前国家公园内仍有部分矿产开发活动。澳大利亚允许在保护地及周边地区勘查开发石油等战略性矿产，但对矿山环境监测、环境恢复治理以及土地复垦等设立了更高的工作标准。通过对空气、水、土壤的综合监测分析，了解和掌握矿产资源开发行为对野生动物迁徙以及人类活动产生的影响。澳大利亚《环境保护法》规定任何单位在勘查、开发矿产资源时，应采取一切合理可行的措施，防止或尽量减少对环境的破坏。在不满足生态保护要求的情况下，澳大利亚主要采取三种方式推动矿权退出。

（1）行政命令退出 澳大利亚自然保护地主管部门或政府有权对自然保护地内的矿业权进行征收。能源部加强生态环境的全要素监测，开展矿业活动对生物多样性影响评估，依此判定部分矿权不利于生态保护，推动退出。例如，在澳大利亚北领地的卡卡杜国家公园内有世界第二大的兰杰铀矿，政府为保障国家战略资源安全一直允许其开发生产，但要求矿山对临近的两条河流进行核污染监测。能源部宣布在鳄鱼河北领地的附近终止铀矿开采，该地下采矿项目带来了严重的环境危害。政府则为保护艾尔湖流域生态环境，推动该地区露天采矿退出。昆士兰州所辖的弗雷萨岛由于开发利用矿产资源导致了严重的环境问题，联邦政府直接干预，经论证后关停了矿山企业，并对矿业公司进行了赔偿，同时给予失业人员一定的补助。

(2)违法退出　大堡礁附近的卡马克尔煤矿是一个政府平衡决策的缩影。该项目投资160亿澳元，是澳大利亚政府2015年初批准的澳大利亚最大的煤矿项目。但2015年8月澳大利亚法院暂停了项目开发，因为它会威胁到两种濒危的爬行动物，同时也没有考虑到燃煤产生的有害气体对大堡礁的影响。

(3)避让退出　西澳大利亚州对拟建设的自然保护地进行评估，发现部分自然保护地涉及已设的采矿权，通过调整保护地边界，降低保护等级将可能的矛盾降到最低。同时，为弥补避让造成的保护地面积及质量损失，将拟建的并经评估无找矿潜力的B级和C级保护地升级为A级保护地。

(三)加拿大

加拿大联邦环境局管辖的荒野保护区和候鸟保护区内允许开展矿业活动。在其他自然保护地内，对于建立之前存在的矿业权经审查批准后做个案处理，可以保留矿业权，国家公园内及周边也存在一些采矿活动。但加拿大国家公园管理局认为，矿业开发是国家公园生态系统健康的潜在威胁之一。为减少采矿活动对国家公园的影响，除依法退出等美国、澳大利亚采用的办法外，还主要采取了两种方法推动矿权退出，并取得较好成果。

(1)强化监测监管退出　加拿大对国家公园内的矿权进行全方位的监测，包括水资源、植被、地貌、土壤、空气质量、河流沉积物、野生动物等自然生态状况以及道路、矿山溢出物、矿山运输车辆装载物等人类活动情况，并要求矿企积极开展污染防治和矿山复垦，制定完善的修复计划。一旦监测发现开采活动影响了国家公园的生态保护，加拿大国家公园管理局即可会同环境局、地方政府、协会、大学等，提出取缔矿业勘探和开发活动许可，推动矿权退出。

(2)协商退出　在加拿大的国家公园管理中，公众的意见在计划目标和经营管理计划拟订过程中均被列为重要的参考资料。加拿大联邦政府与地方政府之间就自然保护地建立问题达成共识，即原住民在自然保护地内的矿业相关利益要通过谈判解决。

(四)法国

法国国家公园已有半个多世纪的发展史，其国家公园内人口密度较高，涉及的原住民数量和生产活动较多，土地权属复杂，国家公园内也存在一些矿权。在推动矿权退出方面，法国最大的特色是转型退出，将废弃矿山转化为自然教育和生态体验基地。例如，在西北部孚日大区国家公园内有400年历史的 les mineur du thillot 铜矿，成功地使停采的矿山成为工业旅游胜地，且其看点之一还是野生动物栖息地，因矿洞内住进了 100 多只濒危的蝙蝠，废弃铜矿成了珍稀蝙蝠的巢穴。这种接替产业，不仅效益不错，也为当地人提供了更多的就业机会，且在旅游中兼顾了保护，在此栖息的蝙蝠数量也在不断增加。同时，法国《国家公园法》明确规定，在城镇区域之外不许进行任何大型工程和建设（除了维护类工程），除非科学专家委员会给出意见并经国家公园管委会批准的工程，一切工业和矿业活动都禁止。正向激励和反向约束共同推动矿权退出。

二、我国自然保护地矿权退出的主要方式

我国国家公园矿权退出仍处在起步阶段，甘肃祁连山等自然保护区内的矿业权退出取得明显进展，主要采取了以下三种退出方式。

(1) 注销退出　是指对矿业权人自愿放弃的矿业权，有效期届满前未按要求提出延续登记申请的矿业权，无找矿成果或资源枯竭、不具备延续条件或未履行法定义务且整改后仍然达不到要求的矿业权，以及财政全额出资的探矿权由政府部门督促矿业权人向原发证机关申请注销，通过直接注销矿业权证书的方式，实现自然保护地内矿业权的退出。

(2) 扣除退出　指探矿权部分位于自然保护地内的，可调整勘查区块，变更勘查许可证，退出自然保护地限制勘查的范围；采矿权部分位于自然保护地的，调整矿区范围，变更采矿许可证，退出自然保护地限制开采的范围。采取扣除退出方式的，无论是探矿权还是采矿权，在扣除与自然保护地重叠范围后，剩余矿区范围及探矿权、采矿权实际现状应当符合国家关于探矿权、采矿权延续变更条件，否则无法通过扣除方式实施自然保护地内矿业权退出。

(3) 补偿退出　指矿业权完全位于自然保护地内的，终止勘查和开采工作，注销勘查许可证或采矿许可证，退出自然保护区，并由政府主管机关按照规定的补偿标准予以补偿的退出方式。在补偿退出过程中，对探矿权人查明的资源储量可作为国家矿产地储备的探矿权，按勘查成本或投入给予合理补偿。采矿权按照剩余资源储量评估结果对采矿权价款、矿山建设投入予以补偿。具体的矿业权退出补偿工作，由当地市县政府作为责任主体负责实施。

专栏-2　　甘肃祁连山国家级自然保护区矿权退出案例

祁连山是我国西部重要生态安全屏障，长期以来，祁连山局部生态破坏问题十分突出。2017 年中办、国办下发《甘肃祁连山国家级自然保护区生态环境问题的通报》指出，祁连山自然保护区存在严重的违法违规开发

矿产资源问题。按照习近平总书记的重要批示要求，甘肃全力推进保护区矿业权清理退出工作，截至目前，144宗矿权全部完成退出，其中，注销或公告废止式退出87宗、扣除式退出13宗、补偿式退出44宗。主要做法可归纳为五方面。

一是出台具体办法。甘肃省政府出台了《甘肃祁连山国家级自然保护区矿业权分类退出办法》，明确了退出范围，退出方式、时限及适用条件，退出程序，补偿标准，法律责任，实施责任和资金筹措等七方面的要求。

二是压实主体责任。办法明确要求各级政府主要领导是矿业权退出工作的第一责任人，市县政府对矿业权退出负主体责任，县级政府是矿业权退出工作的实施主体。区分矿业权出资性质、勘查程度等因素，按照"共性问题统一尺度、个性问题一矿一策"的思路，分类实施、有序退出，根据退出方式制定退出程序，鼓励矿业权人通过注销、扣除方式退出。

三是核定补偿金额。按照自愿协商、合法约定优先原则，由县级人民政府依据调查核实的勘查开采和履行义务等情况，与矿业权人充分协商，确定补偿金额，签订补偿协议。无法协商一致时，由县级人民政府依法选择第三方会计核算机构对勘查投入和矿山建设投入进行核定。

四是明确资金来源。坚持"谁受益谁补偿"的原则，补偿资金按照"市县为主、省级补助、积极争取中央支持"的模式筹措。市县政府整合交易收益、退还价款、重点生态功能区转移支付、环境恢复治理等相关资金，完成补偿工作。省级财政统筹安排资金支持矿业权退出，争取中央返还祁连山自然保护区内矿业权收入分成部分，加大对重点生态功能区转移支付力度。

五是加强监督考核。将矿业权退出任务完成情况直接与市、县年终考核结果挂钩，各级领导分片包抓，督促市、县加快整改，严格通报考核，强化激励问责机制。

三、几点建议

我国第一批国家公园已正式设立，还有一些正在创建中，亟待加快推进矿业权退出，化解风险隐患。深入总结美国、澳大利亚等国国家公园矿业权退出的路径经验和我国已有进展，提出如下建议：

（1）强化依法处置　美国、澳大利亚、加拿大等国在处理矿业权退出问题时，均从法律入手，在《国家公园法》及相关法案中明确禁止采矿探矿等行为，为矿权退出奠定了法律基础。我国应在《国家公园法》《自然保护地法》中明确，不再授予新的探采矿权，在《国家公园管理暂行办法》中，明确主责部门，建立起国家公园内矿业权管理的基本秩序，对已有矿权，探索设置3~5年的暂停开采期，用于深入评价矿权对生态环境的影响。全面压实地方政府责任，加快推进已有矿业权的退出。

（2）建立多元化矿权退出模式　在我国已有退出模式基础上，充分吸纳国外已有的成功经验，探索推行备案审查、监测监管、提高要求、置换、转型等退出模式。一是备案审查退出，通过强制性摸底排查，审查相关备案信息，对违反合同等不合规矿权和"僵尸"矿权予以清理。二是监测监管退出，通过对已有矿权周边的生态环境进行全要素监测（重点包括水质、土壤、林草质量、生物多样性等），以及对采矿范围面积进行细致核查，并与国标及采矿前状态进行对比，若出现大幅下降，则要求超标违规矿权退出。三是提高生态保护要求退出，例如，提高采矿作业区生物多样性指数、水质、土壤有机质、植被盖度、水土流失量、空气质量等标准（部分可高于国家标准、行业标准），禁止露天开采等，加快退出不满足要求的矿权。四是置换退出，即与地方政府协商，在国家公园外部分区域，寻找与园区内矿种、面积等类似的矿权，以此推动园内矿权退出。五是转型退出，通过将矿山打造为自然教育基地，合理收取参观体验费用，作为矿企补偿金，以此推动矿权退出。

（3）明确地方主责　国内外经验表明，对国家公园内的已有矿权，按照谁审批谁负责、谁受益谁补偿的原则，将地方政府作为退出第一责任人，可有效推进退出工作。我国应充分借鉴此经验，明确矿权退出为地方事权，全面压实地方政府的退出责任：市县政府负责补偿资金的筹措、补偿金额的认定、支付，组织开展矿山地质环境恢复治理、初步验收工作；自然资源部门、林草部门负责矿山地质环境恢复和生态修复治理验收、扣除式退出范围的复核和认定；自然资源部门负责矿业权许可证的注销、变更和保有资源储量价款认定等；发展改革、安监部门负责配合市县政府做好兼并重组、机械化改造、标准化矿井建设投入认定和煤矿产能置换指标交易等；财政部门负责资金筹措、补偿评估及协调保障。

（4）加大中央支持力度　在明确地方主责的基础上，中央可在政策、资金上给予地方一定支持。一是通过审核备案、提高生态保护标准、置换、强化国企责任等方式，推动矿企主动退出，特别是一些国企。二是对退出成效明显的国家公园所在地方政府，从国家公园补助资金中列支部分作为以奖代补的奖励资金或定额补助资金，补充地方财政，或考虑在中央直管的国家公园中，中央与地方协商确定合理的支出比例，按比例提供资金支持。三是中央可考虑适度减免地方政府或矿企的矿山废弃地生态修复费用。

（5）制定矿权退出的标准化程序　总结国内外矿权退出经验，国家公园的矿权退出标准化程序可分为以下环节：一是确定基准时间，将国家公园试点方案(或设立方案)批复印发的时间作为基准时间,在此时间之前到期的矿权自动退出,不予补偿。二是自然资源主管部门摸底调查后,由当地政府发布公告。三是矿业权人停止勘查、开采活动,政府部门制订退出方案。四是政府组织实施退出事宜,签订退出补偿协议。五是矿业权人撤离并进行生态恢复治理,办理证照注销或变更手续。六是政府相关部门组织验收合格后,由政府落实补偿款项。

(6)做好废弃矿山修复　法国均将废弃矿山修复作为矿权退出的重要环节,成功地将废弃矿山改造为动物的栖息地,相反地,美国国家公园矿山修复率仅为15%,严重制约国家公园生态保护。因此,我国应主动谋划国家公园废弃矿山修复,制定修复计划,压实地方政府和矿企的修复责任,优先考虑聘用矿权退出过程中受影响较大的群体从事修复工作。此外,应将国家公园矿山修复与生态保护结合起来,探索打造自然教育和生态体验基地。

(编译整理:李想、刘佳欢、张多、刘思敏、陈雅如、王芊樾、张灵曼;审定:李冰、石敏)

深度开发保护地役权,推进国家公园建设

——基于美国保护地役权项目的分析及启示

一、保护地役权的定义与由来

地役权(easement)是用益物权的一种,地役权人有权按照合同约定,利用他人的不动产,提高自己不动产的效益。按照全国人大网的官方解释,地役权多因通行、取水、排水等便利而设定。同一不动产之上,依双方合意,地役权可与土地承包经营权等用益物权相容,这也是地役权可多元化开发、实现物尽其用的社会价值。

传统地役权一般具有三个特征,即存在于他人不动产上的他物权;为需役地人的便利而设定;不以对供役地的占有为条件。

伴随生态文明建设的推进,学界认为应对地役权的理论在主客体范围以及权利义务内容等方面予以扩展,增强其在环境保护领域的适用性。保护地役权(conservation easement)恰好符合了国家通过调整土地规划服务大局的思路,其有效运用可保护并提升生态系统服务。一般指不动产所有者中所具有的非占有性权益,并对该权益施加限制或肯定义务,其目的在于包括保留或

保护不动产所在的自然风景及空间价值或财产价值等,确保农业、森林、休憩或开放空间等使用的可获得性。与传统地役权相比,保护地役权更强调以土地和自然资源的保护为目标,旨在生态系统的恢复与提升。在权利使用形式方面,可以将权利分解为多个权利束(a bundle of rights),不强调地役权的完整性;且不对需役地人提出强制要求,既可以是一般的中介机构,也可是政府等公共服务部门。

二、美国保护地役权项目发展

美国是保护地役权使用最为典型的国家之一,其保护地役权充分体现了公共性、不以需役地存在为必要,受益人广泛、地役权人与受益人相分离的特征。

(一)美国保护地役权的发展历程

1. 突破政策工具限制,地方政府开创性采用保护地役权

美国自20世纪60年代开始意识到土地保护的重要性,在州及地方政府和非政府组织中尝试制定保护计划。早期较为常见的土地保护政策主要为"政府土地公有制"(government land ownership)、"土地使用管制"(land-use regulation)、"全权土地信托"(outright ownership by land trust)等。前期,土地公有和使用管制为政府主导,但管理及监管成本较高,后期逐步转向以土地信托为主导的保护地役权模式,且在不断演进中,地方政府对市场机制保护土地的需求愈加强烈。最为典型的案例是长岛萨福克县购买开发权(purchase of development rights, PDR)计划,解决了城镇化过程中住宅开发对农田的安全威胁。

2. 地方农田保护项目饱受争议,国会创建农田保护计划

由于农地保护运动的兴盛,到20世纪80年代,美国农田信托(American Farmland Trust)正式成立,主要为全国范围内的农田保护提供解决方案与政策支持。尽管州及地方政府在20世纪60—70年代如火如荼地推进农田保护项目,但始终存在争议,直至1981年才真正融入联邦农业政策,出现在当年的美国农业法案(Farm Bill)中。历经10年努力,1990年,美国农业法案第一次尝试性地肯定了保护地役权在农地使用的重要作用。在1996年的农业法案中,国会创建了农田保护计划(Farmland Protection Program),为符合条件的农地持有人提供匹配资金。

3. 肯定保护地役权作用,以农业法案整合项目

2002年农业法案重新授权农田保护计划并更名为"农场和牧场保护计划"(Farm and Ranchlands Protection Program, FRPP)。2008年农业法案也进行了实质性的计划修订,但保留了FRPP总体结构,将其作为联邦政府和其他实体间关联的混合机制。在废除之前，FRPP 为有兴趣保护土地的合作伙伴提供了重要的资金来源，在其资助下，超过 100 万英亩的耕地得到了保护。

2014 年，国会正式在农业法案中将 FRPP 等地役权项目整合为美国保护地役权项目（American Conservation Easement Program，ACEP），由农业部自然资源管理局（NRCS）统一管理，并以 ACEP 的名义继续提供援助资金，防止农地用途变更。尽管 NRCS 不持有这些地役权，但美国农业部保留了其作为第三方机构的执行权，即如果 ACEP 项目中受资助者未能履行义务，NRCS 将有权介入并执行相关地役权条款。

（二）美国保护地役权实施经验

美国保护地役权旨在农田、牧场的保护、修复，并提升湿地生态系统的质量。主要包括两方面项目，一是农地保护地役权（agricultural land easement，ACEP-ALE），二是湿地保护地役权（wetland reserve easement，ACEP-WRE）。具体实施特征与重点如下：

1. 采用多种市场开发模式，确保保护地役权项目实施

美国保护地役权项目主要涉及五种市场开发模式：①自主捐赠；②税收减免；③PDR 和购买农业保护地役权（purchase of agricultural conservation easement，PACE）；④发展权转让（transfer of development rights，TDR）；⑤ACEP-ALE-BPS（ACEP-agricultural land easement-buy-protect-sell transactions）交易。这五种模式中，税收减免、PDR/PACE 获得了最为广泛的应用。一是税收减免给予土地所有者最直接的激励，可弥补其原土地价值的损失；二是 PDR/PACE 取消了目标地块的开发权，迎合了一些土地所有者愿意通过市场交易实现增收的心理。BPS 是 2018 年农场法案修订后增加的新型交易模式，更多强调了 NRCS 对实体交易者之间的监督和管理。

2. 注重保护地役权的永久性与代际传递

美国保护地役权的设立通常附加一个必要条件，即永久性。在 ACEP 项目中，除印第安原住民区的一些特殊约定，多是无限期保护地役权。从长远看，农业生产的实际情况是未知的，为避免这种未知导致的风险，必须在项目设计中尽可能多考虑如何保持农田的可持续利用，而永久性保证了需役地人的权利。此外，随着土地所有者的代际更迭及原有交易转变，土地利用也可能会发生变化。因此，必须锁定地役权的附加值。即使土地所有权人出售或将土地继承给后代，附加在土地上的保护地役权也不会发生变化。永久性保护地役权虽然为需役地人提供了充分的权利期限，但事实上，对于供役地人而言，需要一定程度的灵活性以面对未来契约。

3. 较为完善的法律法规保障

美国 1981 年发布了《统一保护地役权法案》，在联邦层面，对持续多年的农场法案（Farm Bill）进行了详细的规定与指导，并将 NRCS 作为统一管理性和监督性机构。州级层面，依照农场法案出台相应的地方性保护地役权法规和管理措施，从而形成了联邦—州—县多层级的保护地役权实施制度。

三、中国国家公园地役权改革实践

（一）钱江源-百山祖国家公园试点具体做法

钱江源国家公园是国内首批试点建设的国家公园之一，位于我国经济最发达、人口最稠密、土地利用开发强度最大的长江三角洲。其中，园区内集体林地面积高达 80% 以上。根据《钱江源国家公园集体林地地役权改革实施方案》要求，在不改变林地权属的基础上，建立科学合理的地役权补偿机制和社区共管机制。《方案》强调：由村委会受委托统一签订地役权合同，管理委员会对林地享有管理权。两份关联性合同使村民、村委会和管理委员会之间实际上形成双层委托代理关系，村委会作为第一层委托代理关系中的代理人与村民签订委托书，全权代理地役权改革相关事宜，同时作为第二层委托代理关系中的委托人（供役地人）与钱江源国家公园管理委员会（需役地人）签订地役权合同。地役权客体为钱江源国家公园规划中的具体土地，合同中对供役地基本情况，譬如位置、面积、每亩土地的补偿金额以及现状等予以明确；划定双方权利义务范围，供役地人在不妨碍国家公园建设的前提下，享有正常使用土地的权利，并按照合同约定尽到不损害钱江源国家公园环境的义务，国家公园管理委员会有权对土地的日常使用进行监督。

（二）我国国家公园地役权实践与美国 ACEP 的简要分析

中美两国土地所有权性质不同，虽然地役权实践中都进行了权利束的分解，但钱江源-百山祖国家公园的地役权改革尚属初步尝试，仅在确权承包范围内，进行了一种"赎买形式再造"，以林权收益权质押形式获得了林地保护权利限制，对供役地权利人具有一定的行为约束。由于国家公园管理局是地役权的需役地人代表，这种地役权的构造更突出了公益性。美国 ACEP 项目在实施中坚持需役地人多元化，不仅各州、县可以成为需役地权利人，也可依托土地信托进行市场化操作，更可以将私人作为需役地人进行"购买-保护-出售（BPS）"交易。简言之，美国地役权项目在实现方式和衍生权利方面具有灵活性，但因多为永久性地役权，交易方面受到一定限制（表 1）。

表 1 中美典型地役权实践对比

要素	中国钱江源-百山祖国家公园	美国 ACEP 项目
所有权形式	集体所有	私人所有
管理机构	钱江源-百山祖国家公园管理局	农业部 NRCS(自然资源管理局)
实现形式	租赁、赎买、置换等	多元的市场化交易方式，多为项目制，如权力转让、地役权购买等
需役地人	主要为政府，如所在地国家公园管理局	中介机构(土地信托等)、有需求的组织、政府部门、私人等
供役地人	村集体为供役地人，并作为村民的委托代理人	多是私人土地所有者
权利延续	尚未明确延续方式	可以继承、代际传递
权利期限	以承包期限或合同约定时间为节点	一般为永久性，印第安民族部落区为 30~50 年

目前，我国国家公园的保护地役权开发还仅限于经济较为发达的长江三角洲，且利用方式仍处在初级市场化阶段，更多行为属于政府主导下的权益补偿，难以平衡保护与增收。且园区内外多为农户，并不适用美国保护地役权项目中减免税收的操作模式，而 PDR 和 PACE 项目更有借鉴价值。此种项目制的市场化交易，不仅可以减轻政府财政负担，更可以获得国家公园内土地的多级开发权利，物尽其用。与此同时，园区内的社区居民可作为供役地人，参与市场经营，在共同富裕的道路上不断探索。

四、启示与建议

(一)确立保护地役权的法律地位，纳入现行国家法律体系

虽然地役权在我国《民法典》中有明确规定，但保护地役权并没纳入我国的法律体系，缺乏法律及法规实际操作细则的支撑。因此，亟须跟进修订符合我国公共事业和生态文明制度发展进程的基础法律，并以此为前提制定详细的实施细则。一是在后续《民法典》的实施细则或司法解释中纳入保护地役权的相关内容，明晰其概念。二是在《国家公园法》等自然资源单行法的修改或制定中，完善保护地役权的内容，细化供役地人、需役地人的权利义务，明确保护地役权合同订立的基本要素及违约责任等。三是林草部门适时出台系列行政规章，鼓励和引导各国家公园及试点区进行保护地役权改革探索实践。四是各国家公园及试点区先行先试，总结保护地役权改革行之有效的经验，制定改革实施方案，形成具有特色的地方样本，为保护地役权的本土化提供理论和实践的支撑。

(二)延展保护地役权适用性，释放制度活力

一是立足我国实情，延展保护地役权主体范围。实践初期，放松需役地

人的身份限制，允许非政府公益组织、企业、代表公众的政府机关作为需役地人参与项目。二是设立第三方管理机构，推动保护地役权项目。效仿美国设立类似"土地信托"的第三方公益性管理机构，以"土地信托"作为委托代理人，为农户和市场构建交易桥梁，开发林地、草原、荒漠、湿地、耕地保护地役权项目。三是稳定保护地役权权利期限。基于我国土地（林地等）承包经营权的期限界定，建议保护地役权期限为 30~70 年，如存在权利延续等问题，需供、需役地人及承包经营权利人共同协商，确保地役权的相对稳定，强化需役地人的收益预期。

（三）物尽其用，拓宽地役权价值实现路径

一是利用生态系统多样性，深度发掘保护地役权。对林地、草地、耕地、湿地、荒漠等进行权利束分离，探索土地碳储量、改善河流水质、提供森林康养、增强水源涵养等价值在保护地役权中的实现形式，形成保护地役权和市场的利益关联。二是有效发挥财政金融作用，推进社会资本"进山入林"。首先，鼓励税务部门扩大减免范围，充分发挥税收激励作用；其次，加快金融机构绿色普惠创新，继续推动收益权质押，并尝试使用土地期权拓宽保护地役权项目资金渠道。三是分区、分级、分步骤开发地役权。我国东部地区经济经济基础良好、区位优越，可尝试在东部发达地区国家公园建设中，开展保护地役权初级开发，并逐步推广至中西部地区；构建保护地役权多级开发平台，借助中介机构或下级开发公司探索更为灵活的价值变现方式，尝试进行土地碳汇、采光权、采水权、康养权等商业合作，并有步骤地推广至其他系列交易标的。

（四）完善配套改革，强化土地多重利用

一是基于我国农村土地确权登记现状，考虑到自然资源资产管理的现实要求，应尽快普及登记生效主义，并以此作为保护地役权契约协定的基础。二是对保护地役权的标的土地实行严格的资产价值评估制度、规范评估流程、评估标准，切实保证土地地役权的可操作性。三是注重保护地役权供役地人（含土地承包经营人）的社会保障制度，对于因地理区位生态功用显著而进行生态移民的供役地人，除基本政策补贴外，提供更多的福利性政策，如就业、住房安置、就医入学保障等。除此之外，可实施地役权改革与"三权分置"、租赁、土地置换等模式的组合，共同推进人与自然的和谐共生。

（供稿：韩枫、张鑫、唐肖彬、王芊樾、张灵曼、任海燕；审定：李冰、石敏）

第三篇

林业和草原维护生态安全

构建中蒙跨境火灾应对协作机制

——欧盟民事保护机制的经验与启示

当前，气候变化、跨境火灾、沙尘暴等区域性、全球性重大挑战日益增多。开展政府间和区域间协作、建立跨地区甚至跨国应急合作互助机制，已经成为各国的共同选择。中蒙两国是近邻，两国间有4700多公里的边境线，其中草原、森林接壤的边境就有1600多公里。双方的森林草原火灾每年都会威胁对方，由于我国地处下风口等原因，蒙古国的火灾对我国的威胁相对更大。平均每年都有10~20起火灾直接威胁我国边境。为堵截扑救这些火灾，中央财政每年投资5000万元用于修建边境防火隔离带。

欧盟为协同应对各种跨国突发事件，并为欧盟以外的其他国家及时提供救灾援助，于2001年建立了民事保护机制（civil protection mechanism，简称CPM），作为欧盟各成员国协同应对各种自然灾害、技术事故和人为事件的常备体系。本文梳理总结欧盟民事保护机制的做法和经验，以期为中蒙两国有效应对跨境火灾提供启示和借鉴。

一、欧盟民事保护机制

进入21世纪以来，欧盟所发生的自然灾害和技术灾害的频次、规模及其造成的损失急剧增加，特别是2001年发生的"9·11"恐怖袭击事件，给世界各国的应急管理工作敲响了警钟。2001年10月23日，欧盟理事会通过了第792号决定（2001/792/EC），建立欧盟灾害援助和民事保护机制，以有效应对恐怖主义威胁和处理大规模跨境突发事件，这标志着欧盟民事保护机制的正式成立。根据要求，各欧盟成员国必须指定官员负责本国的民事保护工作和协调工作，欧盟委员会还任命一名协调官全权负责统筹民事保护相关措施。随后，欧盟就民事保护领域的教育培训、科学研究、特殊地区和特殊人群保护等具体议题出台了一系列决议。

2006年1月，欧盟委员会建议进一步加强现有的民事保护机制，以更好地加强欧盟各成员国之间的协调，整合欧盟各国的力量和资源，有效防范和及时处置各种跨境突发事件。2007年11月8日，欧盟理事会通过了"关于建立共同体民事保护机制"的决议（2007/779/EC），决定重建欧盟民事保护机制。决议规定，民事保护机制的参与国必须承诺本国的赈灾物资、通信设备、运输设施、搜救人员等应急资源与他国共享；发生重大灾难时，应急资源由欧盟统一指挥调配，及时向受灾国提供援助，协助其开展抢险救灾工作。根据决议规定，民事保护机制由欧盟委员会环境总局下属的民事保护部门管理负责。

2010年10月23日，人道主义援助和民事保护部门合并到欧盟人道主义援助和民事保护总司门下，由一个负责人统一负责。这标志着欧盟民事保护机制由一个促进欧盟各国更快速、高效应对跨境突发事件的合作机制，扩大为推动区域、国家、地方等各层级民事保护机构提高应对能力和应急准备水平、在欧盟境内外更有效地应对重特大突发事件的重要工具。

二、欧盟民事保护机制的运作模式

欧盟把民事保护分为预防、准备、响应三个阶段。按照"预防为主、平战结合，科学有序、规范操作"的原则，欧盟民事保护机制的运作分为"平时"联合开展防灾、减灾、备灾，以及重特大突发事件发生后"战时"联合进行抢险救灾两大方面，并着重加强制度建设，提高应急管理区域互助合作的制度化、规范化、程序化水平。

（一）"平时"突出"防灾、减灾、备灾"

欧盟民事保护机制非常强调做好"平时"阶段的突发事件预防和早期快速反应准备工作，建立成员国间合作开展防灾、减灾和备灾的标准化、规范化工作程序，关口前移，避免或减少突发事件的发生。欧盟民事保护机制"平时"阶段的防灾、减灾和备灾工作包括以下六项内容。

（1）共同采取防范措施　欧盟民事保护机制致力于提高灾害信息的质量和可获得性，提高公众的防灾减灾意识和公共安全知识水平。例如，编制风险评估和灾害地图描述的指导纲要，推动防灾、减灾、抗灾能力研究，强化早期灾害预警工具的研发和应用。

（2）开发各国的突发事件预防和早期快速反应资源模块　欧盟民事保护机制建立了标准化模块，建立了各国之间完全互操作化的预防和快速反应资源目录和运输集中统一管理框架，有效整合了欧盟成员国应对特定抢险救援任务的专家、物资、设备和装备等应急资源。自2008年以来，该机制已开发了125个资源模块，为森林灭火、城市搜救、大容量排水、净水、应急避难等提供了经验和专业支持。

（3）资助各国之间共同开发联合预防和快速反应资源模块　除了各参与国独立开发和管理的预防和快速反应资源模块，欧盟各国根据欧盟快速行动能力准备行动框架和森林防火试点项目，共同支持开发国家间的联合预防和快速反应资源模块，实现欧盟范围内的资源共享共建。

（4）开展预防和快速反应培训项目　通过分享最佳实践、提高预防和快速反应管理专家和队伍的专业技能、更新知识，欧盟民事保护机制有效提高了各国预防和快速反应管理专家、队伍之间的互操作能力。培训内容包括理论讲授、案例分析、分组研讨、模拟演练等。

（5）联合开展预防和快速反应演练　欧盟民事保护机制研究设计了洪灾、地震、暴风雪、火车事故以及化学、生物、辐射、核事故等跨国模拟演练项目，让参与国熟悉协同救援的工作程序与标准。

（6）进行专业人员交流　欧盟民事保护机制通过人员互访交流，建立各国民事保护专业人员之间的合作交流网络，实现民事保护知识共享和经验分享，增进对各国预防和快速反应体系、技术和工作方法的了解。

（二）"战时"讲究"协同、联合、互助"

当灾害超出一国能力范围、具有跨境影响时，应受灾国或国际组织的请求，欧盟民事保护机制会立即启动，通过提供实物援助、派遣携带专业设备的专业救援队赶赴灾区进行评估和协调等方式开展救灾援助。如果是对欧盟以外的第三国实施救援，则由欧盟理事会负责协调，并由联合国负责总协调。跨国灾害救助具体由设在比利时布鲁塞尔的欧盟人道主义援助和民事保护总司的监测与信息中心负责协调。该中心承担联络枢纽、信息中心、协调支持三项职责，实行 7 天×24 小时不间断运作。

灾害互助的启动与实施程序包括规范化、标准化的五个步骤。首先，遭受灾害袭击的受灾国评估灾情和救灾需求，决定是否向民事保护机制提出救灾请求。第二，应急响应中心接到请求报告后进行研判，通过突发事件通讯与信息系统告知欧盟民事保护机制的参与国。第三，欧盟民事保护机制参与国通过突发事件通讯与信息系统，迅速获悉受灾国的灾害援助请求报告。第四，针对受灾国的救灾请求，各参与国的民事保护联系点评估各国所能提供的资源。若能提供救助，则通过突发事件通讯与信息系统反馈至应急响应中心。第五，在得到受灾国同意接收救灾援助的答复后，应急响应中心负责协调把应急资源运送至受灾国。若需要，欧盟还将派遣协调与评估队伍到灾害现场，以协调资源调度、评估现场救灾需求。此外，欧盟还能向受灾国的民事保护运输提供支持和帮助。

三、欧盟民事保护机制的特点

在突发事件应对实践中，欧盟民事保护机制不断发展完善，制度化、规范化和程序化水平不断提高，对推进欧盟成员国之间的跨区域合作，有效应对各种跨地区、跨国扩散和影响的重特大突发事件发挥了积极作用。欧盟民事保护机制具有如下四个突出特点。

（1）建立长效机制，从"松散合作"走向"规范运作"　欧盟民事保护机制成员国之间通过签订协议、章程、合同及建立相关制度的形式，明确跨区域预防与早期处置协作机制的组织框架、工作制度、人员组成、沟通渠道、协作项目、协作方式和交流平台等主要内容，改变了以往跨区域预防与早期处置协作临时松散、缺乏规范的现状。

（2）充实协作内容，从"单项合作"到"全面合作"　欧盟民事保护机制对各成员之间在机构、队伍、装备、物资、预案、制度、经费等方面的全方位合作进行规划、组织、协调，推动协作不断由虚到实。特别是与各成员国响应部门互联互通的欧盟响应中心发挥运转枢纽和信息中心的作用，真正实现突发事件信息和早期处理资源在各国间的共建共享和无缝对接。部分人员甚至还呼吁欧盟建立统一的欧盟应急部队，将应急资源置于欧盟统一调配之下。

（3）注重平时预防，从"运动式应对"走向"可持续合作"　欧盟民事保护机制特别重视突发事件预防和早期处置准备工作，通过开展装备配置、培训演练、人员交流，建立和共享预防与救援基础资料数据库，建立各成员单位的相关人员、装备、物资数据库等基础性工作，对跨境突发事件应对进行关口前移，从而改变了以往在突发事件发生后的运动式、间歇式协作模式。

（4）扩大协作范围，从"内部联合"到"对外辐射"　在发展过程中，欧盟民事保护机制的成员单位从欧盟成员国扩大到欧洲其他国家，救助范围从欧盟和欧洲扩展到其他国家和地区，这使得该机制从一个欧盟各成员国之间的内部应急协作平台升级为一个欧盟提供全方位灾害援助的综合性预防与早期处置协作平台。

四、借鉴与启示

多年来，中蒙两国在森林火灾联防工作方面合作非常密切。1999年7月，中蒙双方签署了《中华人民共和国政府和蒙古国政府关于边境地区森林、草原防火联防协定》。2011年2月，中蒙双方签署了《中华人民共和国政府和蒙古国政府关于边境地区森林、草原防火联防协定实施细则》，对联防工作具体事宜进行了明确。2012年、2014年和2016年，中蒙两国轮流举办了3届边境地区森林防火联防会议。但截至目前中蒙双方还没有建立起长效、深层次的协作机制。学习借鉴欧盟民事保护机制，对推进中蒙跨境火灾应对机制建设提出有如下建议：

（1）加强跨境火灾研究与预警　在中蒙跨境火灾防灾减灾研究方面，要高度关注中亚干旱区森林草原火灾形成机理与减灾技术。中国北疆和蒙古国共居面积辽阔的蒙古高原，南北跨越20个纬度，是气候变化研究、林草火灾研究、优质抗逆生物基因研究的天然实验室。科学合理地研究利用这个天然实验室，开展退化草原生态系统恢复重建、生物多样性保护研究，重点关注和突破雷击火灾害监测、灾情评估、风险分析、灾情影响综合研判等关键技术，研制高性能灾害监测与早期处置服务技术体系，建立多位一体的灾害监测示范网络，对中蒙两国都具有重要的促进作用。

(2) 推动两国逐步建立跨境火灾应对长效机制　通过签订协议、章程及建立相关制度的形式，明确两国跨境火灾预防与早期处置协作机制的组织框架、工作制度、人员组成、沟通渠道、协作项目、协作方式和交流平台等主要内容，确定国家层面的联络人，共享森林火险预测预报信息和卫星监测图像、火情信息等内容。进一步加强顶层设计，统筹两国边境地区预防与早期处置力量编组、训练演练、物资器材装备，形成能力优势互补、协调发展的良好局面，保证遇有重大突发事件可以及时调动使用双方力量和资源。

(3) 规范跨境火灾早期处置协调联动行为　建立制度化的组织架构和标准化的规章制度，搭建中蒙高层次的以信息共享为核心的跨境火灾早期处置协作指挥平台，建立两国各应急协作单位的队伍、装备、物资、专家等基础数据库，建立联络站、建立会晤制度、建设防火隔离带、建立信息通报制度、落实紧急跨境支援和强化合作交流，大力推进跨国（境）早期反应处置队伍能力建设，推动两国各应急协作单位之间的信息交流和资源共享。

(4) 不断扩大协作地理范围　国家有界、火灾无界已成为普遍共识。在全球化时代，边境地区的森林防火已不仅仅是毗邻国家面临的压力，更事关全球生态安全及经济社会可持续发展。中蒙跨境火灾不仅影响中蒙两国，甚至会影响到俄罗斯和日韩等周边国家和地区。建议参照欧盟民事保护机制，不断扩大协作的地理范围，从中蒙两国扩大到东亚其他国家，构建区域性自然灾害应对机制。

(编译整理：王芊樾、赵金成、衣旭彤、李想、陈雅如、王伊煊；审定：李冰、周戡)

野生动物肇事管控的国际经验对我国的启示

一、野生动物肇事管控的国际经验与做法

野生动物肇事的有效治理是国际社会高度关注的热点问题，通常以法律制度为基础开展精准管控，通过多部门联动开展协同管控，引导社区开展参

与式管控,采用多种措施开展综合管控,以科学研究成果为指导开展系统管控。

(一)法律制度为基础的精准管控

法律制度是野生动物保护管理等所有经济社会管理事务的基础,对于野生动物肇事管控也不例外。针对日益增多的野生动物肇事,多数国家完善和优化相关法律制度,以做到精准管控,提高治理成效。德国于2000年实施了灰狼的再引进项目,以恢复当地已经灭绝并受到欧盟严格保护的灰狼种群。截至2019年,灰狼个体数量约为700只,分105群。灰狼频频捕杀牲畜,给牧场主造成严重的经济损失。为应对数量日益增多的狼群及其造成的经济损失,德国议会对《自然保护法》进行了修订,许可对灰狼进行猎捕,但主要针对的是受伤的和反复破坏防狼围栏或捕食牲畜的灰狼。各州必须实施该法,明确细则。诸如,勃兰登堡州制定了州层面的管理规定,明确了捕杀灰狼的时间、方式和条件。基于此,注重对受到灰狼影响的牧民开展灰狼监测和牲畜损失管理,提升州管理部门处置问题狼的能力,提升围栏修筑技能,支持围栏修筑资金申请。牧民不允许对灰狼开展预防性捕杀,但牲畜反复被灰狼捕杀后,猎人等灰狼的管理者可以猎杀肇事狼甚至整个狼群以确保捕杀事件不再发生。

(二)多部门和多层级联动的协同管控

野生动物肇事影响的地域广、人口多、时间长,制约了农村社区、农林业的可持续发展,对农村人口的生命健康及财产安全构成负面影响,需要多个部门和多级政府联动,以形成高效协同管控格局。与德国等欧洲国家相似,美国经历了"灰狼灭绝—再引进—种群恢复—肇事管控"的过程。鉴于灰狼的迁移范围广,管控工作既有联邦、州两个层面多个部门的参与,也有联邦与州之间的协作。参与灰狼管控的联邦政府部门包括内政部鱼与野生动物管理局、农业部野生动物局、农业部动植物健康检疫局,其中内政部鱼与野生动物管理局负责灰狼种群及其栖息地的保护和恢复,农业部野生动物局负责管控灰狼肇事以及减少对农业和农村乃至工业及城市影响,动植物健康检疫局负责灰狼等野生动物及牲畜的疫病检测及防控等。在州层面,诸如在威斯康星州,专门有一个自然资源部门,负责灰狼等野生动物的保护管理工作,记录灰狼捕食牲畜事件,根据与内政部鱼与野生动物管理局、农业部野生动物局、动植物健康检疫局达成的灰狼管理计划,实施灰狼肇事管控工作。

(三)社区参与式管控

社区参与对于减少野生动物肇事发生率、野生动物肇事发生后的影响,提升野生动物肇事管控工作成效具有积极作用。促进社区参与成为国际野生动物保护界的共识。美国科罗拉多州在管控黑熊肇事时，呼吁社区人口做好食物管理限制黑熊获取食物、作为志愿者参加黑熊诱导物清除、捐款捐物购置防熊垃圾桶，极大降低了黑熊肇事发生率。新泽西州出台条例禁止社区居民投食，得到了高达98%的居民支持，成效明显。加拿大班夫国家公园所在的阿尔伯塔省通过每周在多个媒体上发布熊的活动范围信息、开展防熊喷雾的使用培训以及创建引导公众参与的野生动物监测项目来控制当地的人熊冲突。美国和加拿大的多个州层面还设立有野生动物保护管理的专门报警电话，全天有专人值守，便于公众及时报告野生动物肇事等方面的事件。乌干达奇巴勒国家公园（Kibale National Park）周边大象、猩猩等野生动物资源丰富，肇事问题频发，严重威胁到对农作物有高度依赖的农户生计甚至生命安全。自2015年起，野生动物肇事管控项目得以实施，支持和指导社区设置物理及生物隔离带、发展茶叶等替代生计，以减少肇事发生及降低损失。

(四) 多措并举的综合管控

针对熊科等野生动物肇事，既采取了针对野生动物的物理措施、生物措施、化学措施，也采取了针对人的政策措施，以减少肇事发生频率，拓展人与野生动物和谐共生的界面。在针对熊的措施中：第一，物理措施包括栅栏、电围栏、铁皮箱与高架平台。栅栏和电围栏用于隔离人与熊的生活空间，阻止熊的进入；铁皮箱用于美国、加拿大社区的垃圾存放和收集，以减少黑熊翻食垃圾所造成的侵扰；高架平台主要应用在土耳其，便于农户存放贵重财产，以避免受损。第二，生物措施主要有捕杀、补充饲料、转移以及饲养牧羊犬。美国和加拿大每年被合法捕杀的黑熊高达5万只，以调控黑熊种群规模，降低黑熊肇事频率。补饲是欧洲国家认可的一项措施，以逐步改变黑熊觅食行为。转移猎捕肇事熊，转运到远离人类活动区的自然栖息地。牧羊犬在保护牲畜等方面起到了警示作用。第三，化学措施主要有防熊喷雾，得到美国环境保护局推荐。第四，针对人的政策措施主要有移民搬迁、补偿、教育宣传等。移民搬迁是将黑熊肇事频发地牧民搬迁到其他地方；补偿主要针对黑熊造成牧民经济损失和人员伤亡事件；教育宣传是向牧民普及保护知识以及风险意识，增强牧民的熊患应对能力。

(五) 以科学为依托的系统管控

野生动物肇事管控工作的成功开展主要以科学为依托，将科学研究发现作为管控措施选择的决策依据，确保管控工作成本低、收效高，不因管控影响到野生动物种群的可持续发展及生物多样性保护目标的实现。美国华盛顿州针对日益增长的灰狼种群，支持华盛顿大学保护生物学中心开展科学研究，通过特殊训练的猎犬收集灰狼的毛发和排泄物，采用基因鉴定技术，确定狼群个体特征、种群大小、地理分布,并对每个灰狼的猎捕牲畜活动进行精准识别;与此同时,运用电子信息技术绘制全州灰狼地理分布的电子地图,与居住社区、工业园区、厂房等建筑与人的活动区域进行叠加,对灰狼实行网格化管理,及时处置已经发生的肇事事件。科学研究还被用于确定华盛顿州的灰狼承载力,即弄清现有的自然生态系统可以栖息的最大的灰狼种群规模,对于超出了承载力之外的灰狼,根据对当地人口、牲畜的危害程度,开展猎捕等种群调控工作,以建立有效的灰狼肇事预防机制。

二、野生动物肇事对我国牧区安定和谐的影响

通过对三江源地区四个县的调研,野生动物肇事对于牧区安定和谐构成了多方面的威胁,牧民人身和财产安全得不到保障,生产生活受到一定影响,甚至一些脱贫扶贫项目无法正常运行,给有限的基层行政治理资源配置带来新的压力。

(一)野生动物肇事导致牧民人身安全受到威胁

食肉类野生动物致牧民伤残事件在三江源地区已有较长历史,但近年来呈现加剧趋势。据治多县工作人员反映,该县曲格乡近年来部分年份每年因此重伤2~3人,每两年死亡1人。2018年8月下旬,玛多县扎陵湖乡擦凌村一名男性牧民被棕熊攻击,丧失劳动力。2019年3月12日,杂多县昂塞乡一名生态管护员查看被棕熊啃食致死的牦牛时,遭到棕熊攻击致死。2020年5月12日,治多县叶格乡一名青年女牧民在夏季草场,被棕熊拉出帐篷啃食致死。调研的四个县有多名牧民在放牧时或在房屋中遭受棕熊攻击致残。

(二)野生动物肇事导致牧民财产受到损失

食肉类野生动物攻击和食用牧民的牦牛、山羊等牲畜,毁坏房屋玻璃、门窗、家具等财物;食草类野生动物食用牧民草场,导致牲畜缺乏草料。2018—2020年,四县牧民每户年均被棕熊、雪豹等食用的牦牛数量少则3头,多则逾20头。杂多县昂塞乡年都村牧民单户每年被棕熊毁坏房屋损失少的7000元,多的达到6万余元。玛多县也有牧民因为棕熊进入房屋,毁坏家具、厨具、古董等财物,单户损失超过6万元。治多县曲格乡每年因野生动物肇事导致的牧民财产损失逾1000万元。

(三)野生动物肇事影响牧民正常生产生活

食肉类野生动物频频攻击牧民、进入房屋、毁坏财物,严重干扰了牧民的正常生产生活,夜晚不能安心睡眠,不敢单独放牧,"闻熊色变"。杂多县一户牧民2019年和2020年连续遭受棕熊毁坏房屋门窗,2019年进行了房屋修缮,但2020年无力再进行房屋修缮,为安全起见,夜间只能选择在屋顶平

台睡觉。2020年10月25日，棕熊夜晚侵入曲麻莱县曲麻莱乡红旗村一牧民房屋，女牧民携带孩子逃生至周边草场躲避一夜。牧民为了避免与棕熊遭遇，只能放弃传统放牧草场，选择新的放牧地点，给生产活动带来不便。

(四) 野生动物肇事导致扶贫脱贫项目无法正常运行

野生动物肇事导致多个扶贫脱贫项目无法正常运行，不利于巩固脱贫攻坚成果。杂多县昂赛乡年都村的自然体验中心系政府扶贫脱贫项目，支持牧民作为导游、提供餐饮实现替代生计。2018年10月15日，该中心遭到四只棕熊侵入，房屋、桌椅、体验设施毁损严重，损失近百万元，一度停滞运行。为支持无牲畜的贫困户实现脱贫，四县均成立了畜牧合作社，由政府资助购买牦牛、山羊，贫困户负责放牧和获得工资性收入，并从畜产品销售中获得经营性收入。2019年3月1日，玛多县扎陵湖乡的卓让村畜牧合作社羊圈遭狼侵入，政府扶贫款购买的139头山羊全部被咬死。此类问题在其他三县也有发生。

(五) 野生动物肇事导致基层疲于应对但收效有限

针对野生动物肇事，基层竭尽所能积极应对，采取了驱赶、保险补偿等措施，但收效甚微。2020年7月，杂多县森林公安局连续六晚出警，鸣枪驱赶威胁到一所寺庙僧侣人身安全的三只棕熊。随着对枪声的熟悉，棕熊的离开时间更长，甚至走一步停两步，驱赶难度增加。同年，在驱赶一只进入牧民房屋棕熊的过程中，一名民警被熊攻击致重伤，被送往西宁市救治。保险补偿作为一种事后救济措施，对于弥补牧民遭受的人身损害和财产损失有一定作用，但无法弥补牧民的全部损失，更无法有效遏制日益增长的野生动物肇事。

三、有效管控野生动物肇事、保障牧区安定和谐的建议

为有效管控野生动物肇事、保障牧区安定和谐，应充分借鉴国际成功经验和先进做法，积极推进野生动物肇事治理体系和能力现代化，完善管理制度、加强组织机构建设、创新工作机制、增强科技支撑和试点推行有效管控模式。

(一) 完善野生动物肇事管理制度

《野生动物保护法》第十八条、第十九条是我国关于野生动物肇事管理的原则性法律规定，缺乏可操作的具体规定，不利于管理工作的开展。为此，一是要加快出台《野生动物保护法实施条例》，明确野生动物肇事管理的具体规定，制定分级分类管理制度，对于导致人身伤亡的野生动物与导致财产损失的野生动物分别对待，构建全过程的系统制度保障；二是省级层面出台关

于加强野生动物肇事管理和保障农牧区人民群众生命健康安全的意见（或管理办法），将野生动物肇事管理纳入牧区经济社会发展大局统筹考虑，突出针对棕熊等食肉类野生动物肇事的防控制度建设；三是县级层面制定野生动物肇事应急管理制度，指导支持乡、村级层面编制野生动物肇事应急方案。

（二）加强野生动物肇事管理组织机构建设

杂多、治多、玛多三县野生动物肇事管理工作主要由三江源国家公园管理局隶属的森林公安局负责，曲麻莱野生动物肇事管理工作则由自然资源和环境管理局与森林公安局共同负责，野生动物肇事工作重点在肇事发生中的处置，肇事发生前的应对和防控工作相对薄弱。四县都面临管理部门人员、车辆、技能严重不足问题，无法就牧民报告的每一宗野生动物肇事事件派出工作人员进行解决。为此，一是地方政府要高度重视，分管领导要主抓野生动物肇事管理工作，做到高位推动；二是加强野生动物肇事管理队伍建设，设置专职岗位，增加人员职数，提升工作人员野生动物肇事防控和处置能力；三是改善野生动物肇事管理必需的车辆、通讯、牧民救助、野生动物猎捕等方面的工作条件，配备无人机、移动电围栏等高科技设施。

（三）创新野生动物肇事管理工作机制

野生动物肇事管理工作机制单一，参与的部门少，部门间缺少协作机制，社会参与机制不发达，导致管理工作难以有效开展。为此，一是可对标国家应急管理工作机制，对于危及牧民人身安全的棕熊等食肉类野生动物肇事管理，建立林草、公安、村镇三方的紧密合作应对机制；二是建立国家公园、野生动物、公安、农业农村、卫生健康、交通、住建、教育、广电等主管部门的协作机制，编制县级野生动物肇事防控工作方案，推进野生动物肇事管理工作整体推进；三是建设公众参与机制，开展社区参与管控，发挥生态管护员、牧区群众、社会组织、公众个人的主动性和能动性，成为野生动物肇事管理工作的志愿者、捐助者和宣传员。

（四）增强野生动物肇事管理的科技支撑

当前，关于三江源牧区野生动物肇事的诸多科学问题没有确切答案，难以为管理工作的高效开展提供决策支持。诸如，棕熊等食肉类野生动物种群到底有多大？频繁进入牧民生产生活区的棕熊是否是同一批熊？究竟是由于食物不足还是食性或习性发生变化导致棕熊侵入牧民房屋？为此，一是要加强该地区主要肇事野生动物种群数量空间分布的调查与监测，采用基因技术，对野生动物进行识别，掌握野生动物迁徙移动规律；二是加强管理部门与科研机构的深度合作，针对影响牧区人与自然和谐共生的"卡脖子"问题开展合作研究，确保研究成果能直接应用于保护管理实践；三是要发挥好国家级基金和科技支撑项目的引领作用,支持高水平科研团队开展跨学科研究;四是采用北斗卫星等高科技手段,解决牧区移动通信难问题,建设野生动物肇事监测预警中心。

(五)试点推行野生动物肇事有效管控模式

野生动物肇事管理工作具有整体性、系统性、全局性,工作开展好坏关系到牧区经济、社会、文化、生态治理等多个方面,为此需要在试点取得成功做法的基础上进行全面推广。首先可在野生动物肇事频繁和损害严重的牧区,选择一批在地理位置、居住条件、生活水平、生产类型等方面存在一定差异的村作为试点社区;其次以建设平安社区为目标,采取电围栏、防熊铁板等物理措施,积极探索多措并举进行管控,减少牧民及其财产与棕熊等食肉类野生动物的可能接触;再次组织好现有的生态管护员,利用无人机、红外相机等技术,对进入或可能进入牧民生产生活区的野生动物进行适时监测,并通过移动终端发布预警;四是发挥好林草、公安、村镇的合力,做好野生动物肇事应急管理工作,有效管控食肉类野生动物;五是加大野生动物肇事保险补偿力度,加强多渠道对牧民遭受的经济损失进行补偿。

(供稿:北京林业大学经济管理学院谢屹、温亚利、侯一蕾;编稿:陈雅如、赵金成、李想、王芊樾;审定:李冰)

第四篇

林业和草原助推乡村振兴

宜居宜业宜游

——欧美发展林草助推乡村振兴的启示

2021年2月21日,《中共中央 国务院关于全面推进乡村振兴加快农业农村现代化的意见》,即2021年中央一号文件发布。这是21世纪以来第18个指导"三农"工作的中央一号文件。文件指出,民族要复兴,乡村必振兴。要坚持把解决好"三农"问题作为全党工作重中之重,把全面推进乡村振兴作为实现中华民族伟大复兴的一项重大任务,举全党全社会之力加快农业农村现代化,让广大农民过上更加美好的生活。

文件对林草行业提出了要求:促进木本粮油和林下经济发展。创建现代林业产业示范区;推进荒漠化、石漠化、坡耕地水土流失综合治理;巩固退耕还林还草成果,完善政策、有序推进;实行林长制;科学开展大规模国土绿化行动;完善草原生态保护补助奖励政策,全面推进草原禁牧轮牧休牧,加强草原鼠害防治,稳步恢复草原生态环境;继续深化农村集体林权制度改革。

欧美早在20世纪60年代就开始注重乡村发展。欧盟建立欧洲农林一体化体制,支持林业发展;英国出台乡村发展法律,重视发展规划,建立农村生态服务系统,注重政府和公众多方参与;美国强化基础设施建设,注重绿化,推动生态产业化和产业生态化。本文梳理总结了欧美乡村振兴的实践和经验,以期对我国全面推进乡村振兴提供启示和借鉴。

一、欧美乡村振兴实践

"乡村"一般是指在被划定或历史形成的用作农业生产的土地范围内,主要从事农业及农业相关经营(如工业化农业、畜牧业、林业等)的劳动人口定居区域。

广义的乡村振兴指乡村经历18~19世纪的全面发展和工业化进程中的富足辉煌之后,经济和社会发展的再度提升。

狭义的"乡村振兴"指为扭转乡村地区凋敝的趋势,制定的救济性措施或经济政策体系,往往与政府拨款或者公共资金投资等特定救济项目联系在一起,如纽约乡村旧居改造项目、加拿大农场复兴基金等。

欧美各国历史发展路径不尽相同,虽然城市化的发展趋势非常一致,但是农业发展情况、农村人口结构以及政治体制各不相同,再加上各国法律实践和政策制定方面的差异,近30年来乡村发展的法制和政策呈现出丰富的多元化形态。

(一)欧盟"乡村发展计划"

欧盟农业委员会于1996年在爱尔兰寇克(Cork)召开有关全球化浪潮下农村地区发展的会议,参会者一致认为:农村地区应当更加充分地激发发展潜力,乡村明天才会更好。为此,需要各国决策者们步调一致,齐心协力渡过难关。"寇克宣言"拉开了欧洲发展农村、复兴农业的序幕。

欧盟在欧洲农业一体化方面发挥了重要作用。为了促进智慧、可持续和包容性的发展,确保自然资源及环境的可持续利用,欧盟要求农村发展的资金支持应优先保障农业和农村发展的知识创新。为提升资源的有效利用,减少贫困,增进社会福利和社会包容性,各成员国应积极制定农村发展战略和可操作的实施路径。

欧盟七年一度的"乡村发展计划",是"共同农业政策"的重要基石。"乡村发展计划2014—2020"的主要框架包括:农村发展项目及规划,农村发展的财政支持、直接支付及有关转移支付等方面的法规。欧盟境内农村发展资助的优先领域包括:农业经营管理水平的提升,包括新一代农民的培养和支持;农产品和食品的质量控制;提供灾害保险及其他保障;加强对农场及农业产业的支持力度;农村地区的基础设施和乡村复兴建设,如投资商业网络、宽带及其他基础设施;支持林业发展,建立农林一体化的体制;灾害管理、保险及风险基金的使用分配;农户收入保障措施等。该发展计划由欧洲农村发展农业基金支持,覆盖118个农村发展子项目,总额达610亿欧元。该委员会每7年设立当期的优先发展项目和重点支持政策,各成员国及区域通过其农业部门申报计划,争取相关配套资金的划拨,在项目实施后由另外的机构评估实施效果。每7年一度的协商和立法机制,既能保证政策的连续性,又能及时调整成员国之间的发展新态势,将法案的严肃性和时效性结合起来,值得我们借鉴。

(二)英国乡村:富裕阶层的胜地

整体上来说,英国乡村从来不是凋敝没落的代名词,有时反而是富裕阶层的胜地。历史上的英格兰乡村有稳定的乡绅阶层,具有遵从习惯、因循传统的历史基因。工业革命后乡绅阶层并未消失,反而成为人数虽少却异常稳定的农业产业家。乡村人口虽有减少,但是收入和田地的产值一直较为稳健,乡村的贫困人口密度远低于城市,乡村居所的质量和生活水平并不低于城市平均水准。

英国自中央至地方积极颁布成文法及地方立法保障乡村发展。第二次世界大战后颁布了第一个《农业法》，注重强化对农业耕地的保护。20世纪60~70年代，英国大城市居民开始热衷回归乡村，为此英国颁布实施《英格兰和威尔士乡村保护法》，加大了对乡村田园景观的保护力度，支持建设乡村公园。2000年，政府出台"英格兰乡村发展计划"，创建有活力和特色的乡村社区，鼓励乡村采取多样化的特色发展模式。2010年以来的规划政策将城乡一体化目标融入地方政府发展计划中，提高了地方政府在规划中的地位，也增强了英国乡村发展的能动性。目前，英国政府通过财政支持乡村发展的项目有：乡村基本支付支持计划，2017年约有7.1万农户接受该项目计划支持，资助金额达13亿英镑；乡村经济发展主体资助计划，2015—2020年安排1.38亿英镑用于支持乡村小微经营和农业多样化经营，振兴乡村旅游业，提高农业生产率和林业生产率，提升乡村公共服务水平，支持乡村文化和传统文物的保护开发活动。此外，从1978年开始，英国政府建立了农村生态服务系统，强化为乡村生态系统保护提供保障。为乡村企业提供各类公共性支持服务，包括增建就业服务设施、乡村就业信息网站以及乡村超高速宽带业务等。

目前，英国的乡村发展由环境、食品及乡村事务部（DEFRA）负责实施。除按照欧盟指令发布和实施其七年计划以外，DEFRA作为内阁核心部门，承担着保护乡村自然环境，确保英国粮食和农牧产业的世界竞争力以及乡村社区繁荣的行政职能。DEFRA下辖的乡村支付署（RPA）是面向乡村经济和社会发展的主要事务机构，负责执行英国政府的主要乡村发展计划及欧盟共同农业政策（CAP）。

英国注重充分发挥政府咨询机构及民间机构参与乡村发展的作用，如英国自然委员会对帮助保护英国乡村自然和特色景观起到积极作用。英国民间对社区发展规划，推动乡村地方自治和可持续发展参与度很高。

（三）美国乡村振兴战略

美国是世界公认的乡村振兴的典范。据美国人口调查局公布数据显示，截至2016年12月，美国人口接近3.25亿人。其中，农村人口不到2%，约在6000万左右，农业从业人口只有1%。但仅靠这1%的农民不仅养活了美国3亿多人，而且还使美国成为了全球最大的农产品出口国。

20世纪80年代开始，伴随着美国大都市化迅猛发展及产业结构升级，乡村传统的资源型经济（特别是伐木和采矿等掠夺型经济）日益萎缩，新兴产业举步维艰，乡村社会失业率与日俱增。在此背景下，20世纪80、90年代，美国政府把"振兴乡村经济"纳入农村可持续发展的总体战略，并就农业地区的发展问题进行专题研究，出台多项优惠政策措施。从县、州一直到联邦的各级政府,对乡村发展都制定了相应的规划并出台了一系列扶持政策,为乡村地区发展和乡村经济结构转型提供了强有力支持。

美国在进行乡村区域规划时,主要遵从三个原则进行实践:

一是强化基础设施建设,满足当地民众生活的基本需求。美国政府对乡村整体布局要求严格,需要高速公路在其中贯穿,并要求整体建设过程中保证"七通一平"(给水通、排水通、电力通、电讯通、热力通、道路通、煤气通和场地平整),乡村基础设施建设资金由政府和开发商共同承担。此外,还制定了适用于农业及农村社区发展的特别税收措施,以及临时性社区设施借款及补贴措施等,都为美国乡村长远规划实施建立了基础。

二是最大限度绿化,打造宜居乡村环境。20世纪60年代,美国政府开始进行"生态村"建设。保护生态环境政策的实施,使乡村自然环境大为改观,居住空间的舒适性、新鲜的空气、展现原始风貌的大山、充满活力的野生动物以及广袤的自然景观等都成为吸引资本投资和推动经济结构多样化的动力。

三是挖掘并合理利用生态旅游与文化,推动生态产业化与产业生态化。20世纪70年代初,美国的乡村旅游开始迅速崛起,并成为带动乡村经济发展的有力武器。美国的乡村旅游产品丰富多样,主要包括农业旅游、森林旅游、民俗旅游、牧场旅游、渔村旅游和水乡旅游等。游客既可以观赏田园景色,也可以参与田园、牧场的耕作,还可以分享丰收的果实,参与具有浓郁地方特色的娱乐项目,陶冶情操、强健身心。

二、欧美乡村振兴经验

欧美的乡村振兴经验可归结为以下四方面。

(一)注重规划引导和政策支撑

欧美发达国家和地区制定一系列政策和规划,目标是促进乡村振兴,实现可持续发展。如美国的《美国农业部发展计划》、欧盟的《共同农业政策改革支持农村发展》、欧盟的《引领+:农村发展的社区行动(2000—2006年)》、爱尔兰的《可持续农村发展战略政策框架》。这些政策的主要目标是,加强粮食安全、减轻贫困以及鼓励自然资源的可持续管理。政策的内容主要包括通过资助企业和合作社的发展来增加就业和收入。同时,帮助农村社区建设或完善社区基础设施,如给水、供电和通讯、学校、诊所以及消防站等。但是有些政策在实施过程中,出现对生态造成严重破坏的情况,导致土壤、地面和地表水、空气等污染,同时对生境和生物群落造成干扰和破坏,且使许多村庄的景观和文化建筑特征丧失。

不同国家和地区发展程度不一致,乡村发展规划和政策重心也不相同。如美国和欧盟等发达国家和地区的农村发展,优先考虑基础设施(道路、公共服务建筑和电信）的建设，偶尔会专门针对弱势群体（如土著居民、少数民族、妇女和青少年）；明确提出让农村社区参与决策的政策不常见，可能是由于发达国家已经建立有效机制促进当地社区参与决策。但是，针对发展中国家而言，农村发展主要侧重于满足基本需求，如联合国粮农组织非常重视发展中国家增加粮食安全和改善粮食获取的政策和计划，政府和国际机构强调提供清洁饮水、基本教育服务及医疗保健的重要性；同时，与发达国家相比，更加重视社区参与决策。

(二)推动产业生态化与生态产业化

发达国家乡村振兴发展的模式主要以传统农业模式为主，通过加强基础设施建设和改善农业生产设备的方式，来提高农业生产力，从而增加农民收入。同时，结合森林的娱乐休闲与乡村的文化建筑等也逐渐兴起乡村旅游、乡村民宿等新模式，这是乡村居民利用乡村资源为游客提供体验自然的休闲旅游方式，能促进城市居民到乡村体验生活，参与当地文化、民情风俗等相关活动，能带动当地农产品的地产直销，能促进城市居民对相关农林专业知识的了解和学习。目前，兴起的乡村旅游发展模式有：日本的农家民宿、地产直销、假期旅行、体验活动等方式；欧洲国家的休闲观光度假方式以及务农旅游等方式。随着乡村旅游的兴起，逐渐带动农村地区的其他产业发展，最为显著的就是乡村民宿。

(三)强调政府和公众多方参与的组织方式

发达国家乡村发展主要表现为以政府主导、民众参与的组织方式，这种组织方式具有高效性的特点，能快速协调国家、区域和地方自治的关系。例如，德国的乡村地区发展由政府主导，该运动主要由联邦、州和社区等3个公共行政管理层级进行规划管理。还有根据目标设定与实施，通过项目组、联合会以及工作共同体等形式进行组织管理，能很好地将国家和地方机构，并结合原有的村民组织一起，高效推进农村发展建设，具有很强的灵活性。以政府为主导的组织方式是一种自上而下的组织方式，具有很强的高效性。采取自下而上由地方驱动的方式进行规划和项目管理，这种组织方式主要是由地方社区驱动和地方社区各社会部门的合作方式，如欧盟的乡村建设采取"引领+"模式。

(四)充分发挥林草在乡村振兴中的作用

林业在乡村发展中的作用，主要有以下3个方面。一是维持农村生态平衡的功能。主要表现在森林的集水作用、保持和保育水土、动植物物种多样性保护等。同时，森林的生态效益可以为农业生产提供辅助作用，有助于提高农业生产率。二是发展绿色生态产业，增加生态产品供给和居民的收入。

花卉、水果、蜂蜜等绿色有机产品深受消费者欢迎，薪材和木炭是农村及部分城市地区的主要能源来源，木材是农村当地建筑、围栏和家具的材料来源，也是农村居民的主要收入来源。三是依托乡村绿色生态资源，发展森林旅游等服务业。保护乡村自然生态，增加乡村生态绿量，提升乡村绿化质量，用好古村落民居、民俗风情、名人古迹、古树名木、乡村绿道等人文和自然景观资源，大力发展森林观光、林果采摘、森林康养、森林人家、乡村民宿等乡村旅游休闲观光项目，带动农民致富增收。

三、启示与借鉴

欧美发达国家乡村发展自上而下的组织方式也符合中国国情，其经验对我国全面推进乡村振兴有参考和借鉴价值，并有如下启示。

（一）加强顶层设计和战略规划引导，调动各方积极参与，加快推进城乡融合发展，助力乡村振兴

强化战略规划引导，有效衔接精准扶贫与乡村振兴，无缝对接乡村振兴战略规划、城乡发展规划、国土空间规划等相关规划，统筹城乡国土空间开发格局，优化乡村生产生活生态空间，推进城乡要素双向自由流动和公共资源合理配置，坚持乡村振兴和新型城镇化双轮驱动。构建由中心城市、地方小城市、中心城镇和乡村构成的4级城镇体系。建设生态宜居的美丽乡村，提供优质产品，传承乡村文化，留住乡愁记忆。

不断完善支持林草产业发展的投入政策，中央财政设立林草产业发展专项资金或建立政府性基金，对林业龙头企业、产业园区、示范基地和生产经营性基础设施建设等予以资金支持，重点支持国家储备林、油茶等木本油料、森林康养等产业发展。完善生态补偿机制，建立生态产品价值实现机制，引导更多社会资本"进山入林"。

（二）加快建立健全以产业生态化和生态产业化为主体的生态经济体系

立足生态优势，充分发挥市场作用，持续把"生态+"理念融入到产业发展之中。立足区域生态资源优势，把生态优势转化为经济优势，有效延伸拓展产业链条和利润来源，不断提高良好生态环境的含金量和附加值，有效推进"绿水青山"转化为"金山银山"。鼓励林农、林业合作社各类市场主体通过林权流转、生态银行等多样化的交易活动，促进生态产品价值实现，形成"资源收储、资本赋能、市场化运作"的完整闭环，打通"资源—资产—资本—资金"的生态产业化转化通道。同时，遵循产业自然生态有机循环机理，对山区、沙区等特定地域空间内产业系统、自然系统与社会系统之间进行耦合优化，着力推进产业与生态的融合发展，促进经济效益、生态效益、社会效益

(三)充分发挥林草作用,实施兴林富民

优化资源要素配置,构建布局合理、功能完备、结构优化的林业产业体系、服务体系,建立一批标准化、规模化、集约化示范基地。林草生态产品循环既是经济循环的有机组成,也是经济循环的根本保证,既推动发展格局的形成,也保障着发展格局的构建。加快林草产业发展,既能拉动内需,也能增加有效供给,是畅通乡村经济循环、构建新发展格局的重要举措。健全林草现代流通体系,让生态产品"下山进城"走进每个家庭,方便百姓"上山下乡"去亲近自然享受生态。

推动传统产业与信息技术深度融合,优化林草产业体系、服务体系和监督体系。大力推进森林生态标志产品认证,建立森林生态产品品牌保证监督体系和产品质量安全追溯体系,建设森林生态产品信息发布(数据服务平台)和网上交易平台。建立生产者、销售者与购买者全交易链的信用监督体系。

(编译整理:王芊樾、王伊煊、赵金成、李想、陈雅如;审定:李冰、周戡)

服务新发展格局 促进乡村振兴

——基于欧洲非木质林产品价值创新实践

2021年是"十四五"的开局之年,实施乡村振兴战略,是推进农村可持续发展的宏伟战略,是实现"两个一百年"奋斗目标的必然要求。《中共中央关于制定国民经济和社会发展第十四个五年规划和二〇三五年远景目标的建议》提出,支持生态功能区把发展重点放在保护生态环境、提供生态产品上,建立生态产品价值实现机制。非木质林产品(non-wood forest products,NWFPs)是全球公认的生态产品,利用历史悠久,特别是在贫困地区,是维持农民生计和增收的重要手段。随着可持续发展理念和环境保护意识的不断增强,国际社会重新审视非木质林产品的重要性,联合国、欧盟等将发展NWFPs作为实现可持续发展目标、发展循环生物经济和应对气候变化的重要手段。在我国,发展NWFPs是践行绿水青山就是金山银山的有效途径,是促进农村地区就业创业和增收的重要手段,也是助推脱贫攻坚和乡村振兴的重要方式。本文分析、总结归纳了欧洲NWFPs价值创新实践,以期对推动我国非木质林产

品发展提出有价值的参考借鉴。

一、欧洲非木质林产品概况

NWFPs是指源自森林和其他林地的木材以外的生物来源的产品,是食品和材料的重要来源,如坚果、水果、蘑菇和蜂蜜等。根据2020年欧洲森林概况报告显示,欧洲非木质林产品总销售额为40亿欧元,其中植物类产品28亿欧元,动物类产品12亿欧元。销售的植物产品中,观赏植物和食品销售额占比最高,分别为49.6%和38.7%。观赏植物类NWFPs的总销售额为13.9亿欧元,主要生产国依次是德国(7亿欧元)、英国(3.86亿欧元)、丹麦(1.17亿欧元)。食品类NWFPs销售额为10.84亿欧元,主要生产国是芬兰(2.14亿欧元)、捷克共和国(2.02亿欧元)、葡萄牙(1.97亿欧元)。

动物类NWFPs的总销售额约为12亿欧元,其中野生肉类销售份额最大,为73.9%,其次是野生蜂蜜和蜂蜡,占24.4%。野生肉类包括所有被猎杀的与森林有关的鸟类和哺乳动物,如鹧鸪、野鸡、野兔、鹿、野猪和岩羚羊,但不包括在农场养殖的野味。从销售额来看,野生肉类NWFPs的主要生产国依次是法国(2.94亿欧元)、德国(1.90亿欧元)和西班牙(0.9亿欧元)。蜂蜜和蜂蜡主要生产国依次是德国(0.71亿欧元)、法国(0.55亿欧元)和瑞士(0.49亿欧元)。

二、欧洲非木质林产品政策分析

欧洲NWFPs政策框架涉及不同层次的森林政策和执行手段。在欧盟,制定国家森林政策是每个成员国的责任。欧盟负责制定通用规则,根据附属原则,每个成员国可将通用规则纳入其国家立法。如果没有通用的森林政策,欧盟也可以通过共同的政治进程影响各国的森林政策。欧盟内部及其参与的若干国际森林政策和协定都强调了促进NWFPs发展的意愿。欧盟各成员国也通过制定国家森林方案或立法等方式,促进包括发展NWFPs的多功能森林经营(表1)。

表1 欧洲及国家层面政策法规及约束力

政策/法规	制定者	有无约束力	法律影响力
欧洲森林决议——欧洲森林保护部长级会议	46个欧洲国家和欧盟	无	影响具有约束力的国家政策和法律
欧洲森林战略	欧盟	无	影响具有约束力的国家政策和法律
欧盟林业行动计划	欧盟	无	影响具有约束力的国家政策和法律

续表

政策/法规		制定者	有无约束力	法律影响力
通用的农业政策	直接支付	欧盟	经济手段	根据林农及生产者的要求直接支付
	市场措施		经济手段	
	农村发展项目		经济手段	根据国家/国家以下级别的优先事项直接支付
生物多样性政策		欧盟	有	
食品安全政策		欧盟	有	
产品标签和包装政策		欧盟	有	
植物健康和生物安全政策		欧盟	有	
绿色公共采购政策		欧盟	自愿遵守	
贸易规章		欧盟/国家	有	
知识产权政策	专利、商标、设计	欧盟	有	
	地理标志和传统特色		自愿遵守	
财政政策		国家(部分标准是欧盟层面的)	有	
进入森林		国家	有	
采伐收获权		国家	有	

(一)欧洲/欧盟层面的政策

1. 林业相关政策

欧盟并没有专门针对 NWFPs 的法律法规,只是在其森林战略中明确了发展 NWFPs 的相关要求。主要包括:①1993 年第二次欧洲森林保护部长级会议上提出鼓励木材和 NWFPs 的利用。②1998 年欧洲森林战略中明确促进森林可持续经营的木材和 NWFPs 的利用。③2013 年欧盟森林战略指出,整合影响森林的不同政策领域(如农业、食品安全等)的政策,解决森林产品供应链各个环节的问题。④欧盟生物多样性策略 2020 以法律约束力的方式明确了森林和其他林地如何管理和保护相关物种。

2. 林业行业以外的政策

在欧盟,影响 NWFPs 的政策还包含农业政策、食品安全政策、贸易规则和知识产权。①农业政策。主要政策措施包括:对保护草原、将 5%的耕地用于生态保护和 NWFPs 项目给予直接补贴,以及 NWFPs 的生产者可以申请欧盟农村发展计划资助资金,额度约占农村发展计划的 25%。②食品安全政策。欧盟规定新食品在进入市场之前,必须获得成员国主管当局批准其健康或环境安全的评估。③贸易规则和知识产权。欧盟制定了统一的知识产权保护政策(包括专利、商标、外观设计、版权等的使用),并实行原产地和地理标志标签计划,这极大提高了NWFPs市场销售价格,促进了生态产品价值实现。

(二)国家层面的政策分析

欧洲各国根据各自政治制度和行政体制,在国家层面或地方层面分别制定NWFPs管理政策。一是从国家法律层面明确NWFPs的要求。如《国家森林法》《野生动物与国家狩猎法》《环境保护法》和《自然保护法》均明确了NWFPs的使用权和收获权。二是制定专门的NWFPs的政策文件。如苏格兰专门制定了NWFPs的政策,明确了NWFPs的范围、所有权和法律责任,以及NWFPs可持续经营管理的原则和要求。三是财政税收等激励政策。为了鼓励NWFPs的发展,部分国家还采用税收激励措施,如芬兰对蘑菇和浆果采集者实行免税政策,意大利对松露采集者实现免税政策。

三、欧洲非木质林产品价值创新案例

NWFPs涉及的创新模式很多,通常是传统产品通过新的加工、包装或营销渠道重新进入市场。如芬兰的桦树汁饮料,通过采用新的技术提高了产品的保质期,使产品能够销售到其他国家。也有很多NWFPs或是通过传统产品现代设计来打开新的市场,或是通过在线交易平台等新型交易方式以及交易载体来开拓新的市场与客户群体。

(一)"自然公园特产"标签的创新案例

奥地利政府依托自然公园(nature parks),创造性地提出了"自然公园特产"理念,对产自自然公园的NWFPs加贴"自然公园特产"标签,支持生态产品的销售。此外,还鼓励支持在"自然公园特产"标签下开发各种非木质林产品,如越橘等浆果果酱/酸辣酱或酒、野生蜂蜜、草药油、精油(如瑞士松、云杉)和各种花茶制品。农民还可以通过农贸市场、地区食品零售商或自然公园的服务点销售这些产品。自然公园协会支持农民依托相关项目,通过自下而上的方式开展产品开发与销售,促进了资源使用者和自然保护部门的密切合作,实现了保护与利用的结合。

(二)古栗树价值升级创新模式

意大利西北部省区有种植栗树和保护古栗树的传统,当地政府通过协会积极开展古栗树的景观恢复,并与地区旅游业、餐馆和酒店、葡萄酒生产商等合作,共同创建区域营销策略。通过组织秋季栗子节将NWFPs与传统文化相结合,推广栗子产品,促进当地乃至全国栗子产业发展及其价值提升。通过机构与组织创新实现栗子价值创新与升级。成立协会来发展和推广栗子商品与服务,协会汇集了土地所有者、生产者、其他部门和公共机构,不同利益相关方都从各自的角度提出了栗子价值创新的内容,如公司层面栗子酒的发明。此外还包括组织美食比赛等市场营销方式的创新等。

(三)基于非木质林产品的体验式服务

体验经济是从生活与情境出发，塑造感官体验及思维认同，以此抓住顾客的注意力，改变消费行为，并为商品找到新的生存价值与空间。体验经济是以服务为舞台，以商品为道具，使顾客融入其中的社会演进阶段。英国南威尔士依托柳树资源，开展柳树编织课程和研讨会，提供传统编织和柳树结构的教学，根据体验者要求制作柳条构建物、雕塑和篮子，并销售柳制品工具包。通过将传统的柳制品与新概念的结合，不断增加课程范围，创新服务模式，如为期2天的课程，围绕某一主题(如婚礼装饰)设计和制作自己的柳制品。这是传统编织柳条篮子向提供教学体验的转变，学习技能成为客户参与的兴趣来源。除了编织技术，客户还学习种植、收获和准备柳制品编织材料。通过这种模式创新，为当地柳树种植建立了供应链，并与花园中心和种植者合作，为体验式服务提供高质量原料。在当地建立柳树原料基地，为其可持续发展提供保障，同时帮助当地人们学习柳树种植知识。

四、对我国的启示

(一)因地制宜发展特色非木质林产品，助力乡村振兴战略

非木质林产品是践行绿水青山就是金山银山的重要途径，也是巩固脱贫成果和实现乡村振兴的重要手段。建议借鉴欧洲国家的经验，一是根据地区特色，加强顶层设计和规划，重点发展品质好、市场认可度高的品种，做强做精做成品牌；二是加强政策扶持，对于重点发展的品种给予税收减免，采用新技术尤其是自己研发的新技术给予补贴等；三是扶持重点和龙头企业，开发非木质林产品精深加工，延长产业链。

(二)协调好非木质林产品利用与保护的关系，加快非木质林产品生产销售与流通

欧洲非常重视NWFPs可持续利用的问题，大部分国家对于NWFPs的商业开发提出了限制条件，包括通过科学研究评估、制定商业开发计划、生产标准、办理采集许可证等方式。随着我国森林保护政策的不断推进，我国积极发展林下经济，在扩大NWFPs发展规模的同时，要处理好保护与利用的关系。建议采取以下措施：一是完善非木质林产品开发利用的技术标准，规范非木质林产品经营活动；二是制定NWFPs经营方案，保障NWFPs的持续生产；三是积极推动NWFPs追溯体系建设，加强对NWFPs开发的监督管理，推动NWFPs认证或产品原产地认证等；四是加强NWFPs生产、加工和销售等各个环节信用体系建设。加强信用平台建设，增加和完善信用分类监管、

评价等系统功能，形成联合奖惩自动化、常态化机制。开展诚信缺失突出问题专项治理。

（三）加大政策扶持力度，建立林业产业与其他行业政策融合机制

在欧洲 NWFPs 的生产和利用除了受林业政策影响外，还受到农业、食品安全、贸易和知识产权等政策影响。欧洲 NWFPs 均享受农业补贴政策和农村发展计划政策的影响。因此应借鉴欧洲经验，一是加强林业产业和其他行业政策融合，大力推动农业支持政策惠及非木质林产品，享受相关扶持政策。二是加大财政、金融等对非木质林产品的扶持力度，督促和引导金融机构加大对信用状况良好的中小微企业和个人提供便利优惠信用贷款支持力度，促进 NWFPs 高质量发展。

（四）推动非木质林产品制度创新，探索多元化生态产品价值实现路径

一是探索 NWFPs 森林植物活性成分方面的研究，推动非木质林产品在医药、化妆品原料、工业原料等领域的应用；二是通过开展 NWFPs 认证、有机产品认证等方式提升非木质林产品品质，提高产品价值；三是促进 NWFPs 制度创新，参照奥地利的"自然公园特产"标签产品，依托目前我国国家公园建设，在国家公园等自然保护地开发国家公园标签产品；四是加强 NWFPs 与自然教育、户外休闲、当地文化宣传以及体验经济相结合的方式，参照如英国的非木质林产品相关体验服务，拓宽 NWFPs 应用范围。

（供稿：李秋娟、毛炎新、王芊樾、张英豪、赵金成、李想、陈雅如）

后 记

经过努力,《气候变化、生物多样性和荒漠化问题动态参考年度辑要》(以下简称《辑要》)与读者见面了。《辑要》密切跟踪国际生态治理进程和各国生态保护与建设情况,力图及时、客观、准确地搜集、分析、整理国际气候变化、生物多样性和荒漠化领域的重要行动和政策信息,供相关领导、管理部门和从业人员了解掌握和决策参考。

此项工作得到了国家林业和草原局领导的亲切关心,得到了各司局及有关单位的大力协助和林草系统诸多专家的悉心指导。在此谨向关心支持这项工作的领导、专家和有关单位表示衷心感谢!气候变化、生物多样性和荒漠化等问题覆盖面广,涉及内容多。我们的工作肯定有不完善之处,今后会倍加努力,希望继续得到各界人士关心和支持,对我们工作提供宝贵意见与建议。

国家林业和草原局发展研究中心
地址:北京市东城区和平里东街 18 号,100714
电话:010-84239025
E-mail:dongtaicankao@126.com